有些光辉灿烂的行动,如果它并非一个崇高意
向的产物,不应把它归入崇高之列。

——［法］拉罗什福科

《嶙峋的巨石》

摄影:何怀宏

用文字照亮每个人的精神夜空

Reflexions Ou Sentences
Et Maximes Morales

道德箴言录

La Rochefoucauld

〔法〕拉罗什福科 著

何怀宏 译

湖南人民出版社·长沙

本作品中文简体版版权由湖南人民出版社所有。
未经许可,不得翻印。

图书在版编目(CIP)数据

道德箴言录 /(法)拉罗什福科著;何怀宏译. —— 长沙:湖南人民出版社,2025.4. —— ISBN 978-7-5561-3804-3

Ⅰ.B825-49

中国国家版本馆CIP数据核字第2025B8F547号

道德箴言录

DAODE ZHENYAN LU

著　　者:[法]拉罗什福科
译　　者:何怀宏
出 版 人:张勤繁
选题策划:北京领读文化
产品经理:领　读-田　千　贺晓敏　吴　静
责任编辑:张玉洁
责任校对:夏丽芬
编　　图:宽　堂
装帧设计:周伟伟

出版发行:湖南人民出版社有限责任公司[http://www.hnppp.com]
地　　址:长沙市营盘东路3号　邮编:410005　电话:0731-82683313

印　　刷:长沙超峰印刷有限公司
版　　次:2025年4月第1版　　　　印　次:2025年4月第1次印刷
开　　本:889 mm × 1194 mm　1/32　印　张:5.75
字　　数:105千字
书　　号:ISBN 978-7-5561-3804-3
定　　价:36.00元

如有质量问题,请致电质量监督电话:010-59096394
团购电话:010-59320018

拉罗什福科像

译者序

人类行为动机的透视者

—

拉罗什福科（La Rochefoucauld，1613—1680），法国思想家，著名的格言体道德作家，1613年9月15日生于巴黎一个家世显赫的大贵族家庭。早年热衷于政治，先是反对红衣主教黎塞留，入狱并被流放外省；后又卷入反对首相马扎兰及王权的政治密谋和武装斗争，参加投石党之乱并几次负伤。晚年不问政治而出入于各种文艺沙龙，写有《回忆录》（1662）与《道德箴言录》（1665—1678）两部作品，后来人们还收集到他的150封信和19段感情。

17世纪的法国是一个封建制度逐渐解体，资本主义生产关系逐步确立并巩固的时代，拉罗什福科所处的时期在政治上是一个重建法兰西王朝，并向路易十四的绝对君主制过渡的时期。虽然总的说来，在思想上这一时期还是一个沉思的时代，激烈的理论和革命的行动还要等到下一个世纪方能兴盛。然而，这一时期的精神生活领域绝非一片死寂，倒毋宁说中世纪的冰封已开始消融，人们的思想日趋活跃，文化日趋繁荣。我们看到，在形而上学方面，有笛卡尔的沉思、伽桑狄的诘难以及马勒伯朗士的雄辩；在人生哲学与宗教方面，有帕斯卡尔的沉思；而在道德、风俗方面，则有拉罗什福科及稍后的拉布吕耶尔的省察。这些思考都达到了相当的深度，启迪了几代人的心灵，影响所及，直到现代。

就是在这样的背景下，拉罗什福科开始了他的活动。他的活动明显地呈现为两个时期：早年，他可以说是一个政治型，甚至是一个流血的政治型人物，他或策划于密室，或鏖战于街垒；他入伍、从政、恋爱、树敌，此时他的特点是好勇斗狠，他是在读生活这本大书。而到晚年则来了个大转变，可以说变成了一个文化型的人物，并且是一个沉思的文化型人物。他经常出入的不再是硝烟弥漫的沙场，而是安静的、充满女性气息的沙龙，他倾听、交谈、思考，他在养伤，也在消化他早年的丰富阅历，他并没受过多少教育，但他有很好的感受力。他见识过各种各样的德性与恶行，现在他已厌倦行动而渴望思考，思考的结果就是这部《道德箴言录》。

可以说，拉罗什福科代表着法兰西民族某种相当典型的性格，即：疯狂和冷静、虚荣和真诚、放荡不羁和深刻反省集于一身。他的晚年是相当不幸的，爱子夭亡，妻子和情人均先他去世，他的身体也每况愈下，深受病痛的折磨。但他留下了这部书，这本薄薄的书。按《不列颠百科全书》中的说法，他是以一本书立身的人。没有这本书，我们也许就会忘掉这个当时声名赫赫、勇敢傲慢的贵族。我们没忘掉他，这也许就是文化的意义，即化为物质的、文字的、可见的东西的那种文化的意义，或者说"世界3"[①]的意义。

《道德箴言录》在拉罗什福科生前共出有五版（如果不包括最早的荷兰版的话）。最早的荷兰版于1664年在海牙出版，名为《道德的警句箴言》，收有188条箴言，它是在作者不知道的情况下，根据一些书信和谈话中流传的他的箴言辑录而成的，因而很不可靠，错误百出。不过这事倒促成了作者自己把他的箴言公之于众。在1665年，第一个可靠的版本以《关于道德的思考或警句箴言》的确定名称在巴黎出版，共收317条箴言，随后四版出版的年份依次是1666、1671、1675、1678年，箴言的数目也依次增删为：302、341、413和504条。现在我们看到的这本《道德箴言录》就是以作者生前最后一版（1678年）为主干的，另外还收入了作者生前没有发表过的58条箴

---

① 世界3：卡尔·波普尔提出的理论，指人类创造的精神产品的世界，包括理论、艺术、科学思想，等等。——编者注

言，以及作者从前四版中删去的79条箴言，总共是641条箴言。

二

在这里，我们想从两个方面简要地谈一下拉罗什福科在《道德箴言录》中所表述的思想，第一个方面是他论人的方面：一般的人、人与世界的关系、人本身以及人的现状和前途等。

首先，拉罗什福科认为："研究人比研究书本更必需。"（箴言第550条[①]）而且，"一般地认识人类要比单独地认识一个人容易"（436）。可见，他不仅强调具体的人优越于书本知识，也意识到个人的深刻性与复杂性。他自己就是主要从实际生活中而非书本上来认识人的。

对这个世界，他有一句名言："命运和情绪统治着世界。"（435）人所说的世界总是相对于人而言的世界，是对人呈现的世界，在这个世界中，是否存在着某种必然的、规律性的东西呢？情绪不待言，按拉罗什福科的说法，它们是古怪的、不可理喻的、反复无常的；那么命运呢，命运也是同样盲目的，至少在那些没得到它的好处的人看来是这样。拉罗什福科总是联系人的幸福、德性来谈

[①] 下面仅标箴言序号——译者注

命运，是命运像光线显示物体一样显示出我们的德性与恶性；常常是命运使我们碰巧成为善人或恶人；我们的贤明像我们的幸福一样需要命运的垂怜，可是这个命运（或运气）既可以理解为必然的东西也可以理解为偶然的东西，命运等于我们不知道的东西。这个我们不知道的东西也许是我们还有可能认识和知道（但也可能依然不能认识和知道）的必然的东西，也许是我们永远无法加以把握的绝对偶然的东西。从前者可走向乐观主义、自由意识或定命论；从后者可走向荒谬感、虚无主义或一种悲剧式的乐观主义和反抗精神。拉罗什福科只是劝我们：在好运的时候享受它，在厄运的时候忍受它，除非极端必要，不作大的改变。尽管他也谈到上帝安排好了秩序，但从他整个箴言录的基本倾向来看，他似乎更强调那种不可捉摸的偶然性。

拉罗什福科对人本身的分析主要是从两个方面进行的：一是分析人的情绪、激情以致疯狂；一是分析人的精神、理智和判断力。他认为人永远被自己的激情所纠缠，一种激情的消除总是意味着另一种激情的确立，而且人们宁愿不治愈自己而忍受激情的折磨。激情使人们创造伟大的事业，使行动有力，使语言具有雄辩性，虽然它也到处潜藏着危险。激情有各种形式，从爱情、友谊一直到懒惰，懒惰也是一种不为我们所知、危害甚烈的激情，激情常常变成狂热和疯癫。疯狂总是追逐着我们，没经历过疯狂的人不能说他是明智的。拉罗什福科意识到激情对于人生的意义，又感到它的可怕和复杂。

至于人的理智方面，拉罗什福科认为我们的知识总是肤浅和不完全的，这不仅因为事物有近乎无穷的细节，而且还有一些超出我们感知范围的东西不能为我们所认识，精神和理智有一种狭隘性、局限性，我们不相信离我们眼界稍远的东西。精神还有一种懒惰性，总在使它惬意的事物上萦绕不去。并且，我们没有足够的力量完全遵循我们的理智。我们的精神或理智不仅难于认识我们外部的事物，而且难于认识我们的内心，"精神始终是心灵的受骗者"（102）。因此，拉罗什福科嘲笑哲学家，尤其是某些斯多噶派哲学家，认为他们的哲学只能战胜过去和未来的痛苦，却要被现在的痛苦所战胜；认为他们通过哲学推理而形成的对死亡的蔑视只是一种自欺欺人。

拉罗什福科对于人的现状和未来似乎都抱有一种悲观的看法，认为人类是堕落的，比他原初的状况要坏，人类的处境是悲惨的，在调动他所有的行为以满足他的激情的过程中，他不停地在那些激情的暴政下呻吟：他既不能忍受它们的强暴，又不能负担为摆脱激情的桎梏而应采取的行动；他不仅对这些激情，而且对医治他们的药物感到厌恶；既不能适应他的疾病的痛苦，又不能适应治愈其疾病的工作。人凭自身既不能达到全真，又不能达到至善；既难于得到真正的幸福快乐，又难于达到道德上的自我完善，尤其对于后者，对于人们的所谓德性的揭露，构成了拉罗什福科的《道德箴言录》的主要部分。

三

拉罗什福科的《道德箴言录》并不是一堆规范和训条的集合，告诉人们应当做什么，不能做什么，而是一系列对人们行为品质的描述和分析，揭露人们实际上在做什么、想什么，它类似于一部道德心理学著作。

开宗明义，拉罗什福科在书名的下面就题有这样一段箴言："我们的德性经常只是隐蔽的恶。"然后在"序言"中他又讲到德性融进了无数的缺陷，在第一条箴言中他认为："人们所谓的德性，常常只是某些行为和各种利益的集合。"这一思想贯穿始终，构成了整部《道德箴言录》的基调。

于是，他犀利的笔几乎触及所有被人们看作是德性的品质和行为：善良、公正、高尚、诚实、贞洁、勇敢、精明、节制、慷慨、谦虚、坚定、忠实、悲痛、感激、荣耀、功绩、怜悯、同情、赞扬、劝告，等等。

他感叹真正的善良是多么的稀少，而那些自以为善良的人常常只是出于一种讨好和软弱的癖性；他提示人们热爱正义只是因为怕遭受不义，公正在法官那里只是一种对擢升的向往；他指出崇高只是为了拥有一切而蔑视一切，人们通常所说的真诚只是一种想赢得别人信任的巧妙掩饰；他揭露慷慨常常只是一种伪装起来的野心，它蔑视小的利益是为了得到大的利益，或者是对作为一个赠予者的虚荣的爱超过对他给出的东西的爱；揭露谦虚常常是一种假装的顺从，是骄傲的一种计谋，通过降低自己来抬高自己，通过顺从来使别人屈服；他指出人们的坚定常常只是一种疲惫无力、麻木不仁，人们对君主的忠诚则是一种间接的自爱；他指出人们失去亲朋的悲痛常常只是为了哀叹自己，甚至有的女人想借此攀上名声的高峰，而人们对别人施惠的感激只是为了得到更多的恩惠；至于人们对别人的赞扬往往是为了被人赞扬，想让人注意他的公正和辨别力，而拒绝别人的赞扬则是为了被赞扬两次；人们给别人什么东西很少像给别人劝告那样慷慨，但这种劝告中缺少真诚，劝告者在其中寻求的常常只是他自己的利益和他自己的光荣。

对于人们常常引以为豪的人与人之间的友谊和男女之间的爱情，拉罗什福科下笔也不客气，他说："人们称之为

'友爱'的，实际上只是一种社交关系，一种对各自利益的尊重和相互间的帮忙，归根结底，它只不过是一种交易，自爱总是在那里打算着赚取某些东西。"（83）"在爱情中，欺骗几乎总是比提防走得要远。"（335）有好的婚姻，但其中并无极乐，爱情使人盲目，使我们做出可笑的错事。不过，他也透露出对真正的友谊和爱情的渴慕。

拉罗什福科还用了许多篇幅直接分析人的各种劣根性和恶行，如人的虚荣、骄傲、嫉妒、猜忌、软弱、懒惰、欺骗、隐瞒、贪婪、吝啬、奉承、背叛、调情、残忍、无聊、诡计，等等。不过，他认为人们还不敢公开地行恶贬善和与德性作对，而往往是在德性的名义下行恶。伪善——这是邪恶向德性所致的敬意。

拉罗什福科对上述所有行为品质做出的道德评价，很明显是根据它们的动机而非它们的效果。正是通过观察和追溯人们行为的动机，他才从人们所谓的善行和德性中看到了恶劣的情欲。他的动机论立场还可以见之于例如这样的箴言："有的光辉灿烂的行动，如果它并非一个崇高意向的产物，不应把它归入崇高之列。"（160）不过他也感觉到做出这种判断的困难："很难判断一个干净、诚实和正当的行动是出于正直还是出于精明。"（170）

那么，人类的所有这些恶，包括假冒为善的恶的根源

译者序

是什么呢？拉罗什福科没有明说，但看来是跟他所说的人的几乎不可摆脱的自爱的本性有关。他说人类造了一个自爱的上帝而备受其折磨，我们根据自爱来感觉我们的善恶和确定别人的价值，各种激情只是自爱的各种口味，自爱奉承我们，自爱使我们明智，也使我们做出比天生的凶恶还要残忍的事情，甚至我们在反抗和抑制自爱时也是依凭某种自爱。但是我们对于自爱的根源和本质却几乎一无所知，难道洞穿其黑暗的端底，自爱认识一切却不认识它自己？在另一条箴言中，拉罗什福科认为利益是自爱的灵魂，自爱离开利益，就会聋哑、失明和瘫痪。拉罗什福科把利益看成是人们实际上奉行的道德和基础，对后来的功利主义伦理学有所启迪，而他的悲观和愤世嫉俗，则可以说是后来在叔本华和尼采那里大大发展了的悲观主义的一个源头。

四

《道德箴言录》问世以后，当时就产生了两种截然不同的反响，一方面许多人感到它痛快淋漓地说出了人们想说的话，揭露了当时上流社会、官廷贵族中的道德腐败和伪善，因而热烈地欢迎它，以至于作者在第五版序中说："公众对它们的赞美目前已超过我能为它们说的好话。"但另一方面它也受到了不少责难和指控，这一点从他最后留下的

几段箴言中可以看出，例如："人们反对这些揭露人的内心的箴言的原因是：他们害怕被揭露。"（524）

日月流逝，《道德箴言录》问世已有三百多年，人们对它还一直是毁誉不一，但不管怎样，它确实产生了广泛而持久的影响。它不是那种昙花一现的书，它的生命力的长久和它的篇幅的短小恰恰相反，它不断被再版，并被译成各种各样的文字，其中的箴言也经常被人们在口头和书面上引用，许多成了在民间广泛流传的真正的格言警句。受它影响比较大的作家、思想家，在法国可以举出圣佩韦、司汤达、纪德；在德国可以举出尼采；在英国可以举出哈代。而这些作家又大都是对当代具有重要影响的作家。

拉罗什福科的《道德箴言录》不仅有它独特的反映当时上流社会道德风俗面貌的历史学、社会学意义，还有助于人们洞悉人性的各个方面，并帮助我们理解和分析当代西方的一些思潮，例如，其中有一条箴言讲到"世界只不过是由面孔组成的"，"每种职业都规定出一副面孔，以表示它想成为人们认为它应当是的那副样子"（256），就很容易使人联想起萨特的"不诚"（或"自欺"）理论；又如，它对人们的道德心理和道德动机的某些比较深入、阴暗和不易觉察的层面的细致入微的分析和鞭辟入里的提示，客观上在某些方面可以说开了精神分析心理学的先河。即使对于我们自己，阅读它不也可能使我们回忆起那样一个距离我们并不遥远的时期吗？那时，"高尚是高尚者的墓志铭，卑鄙是卑鄙者的通行证"。

马克思曾在1869年6月26日写给恩格斯的信中指出，拉罗什福科的《道德箴言录》表达了一些"很出色"的思想，并专门抄录了数段给恩格斯。爱因斯坦也曾在二战期间专门写信向他滞留在德国的朋友推荐这本书。

这本书的巨大吸引力的一个奥秘可能还在于它的艺术性，它的精练和生动。拉罗什福科对格言这种形式的把握确实达到了相当高的程度，他惜墨如金，用语简洁，字斟句酌，往往在快到结尾时突然给出一个出其不意的转折，使你初觉是谬论，继而却为之叹服。他很好地掌握了语言艺术，往往通过强烈的对比给人以鲜明的印象，并巧妙地使用比喻和双关语，全书的结构安排也并不是不费心思的，比方说1678年版中，首尾呼应，第一条箴言讲人的德性之虚假，最后一条箴言讲人运用理性蔑视死亡之虚假；他有时把相同主题的句子归到一起，但更多的是把它们错落有致地分散开来，以避免单调乏味之感，一个主题有时反复出现，但使用的都是各不相同的新鲜有力的表述。正是这种与思想性相和谐的艺术性，使它成为一本颇为奇特的书，虽然后世不乏效颦者，但却很少像它一样立住和传世。他的美学观点在《道德箴言录》中也有所表露，他崇尚真实自然，反对矫揉造作，认为真是美的基础，世界更完美地呈现在那并不雕琢它的心灵面前。

本书根据法国伽利马出版社1965年法文版翻译，译完后又参照列入企鹅丛书的坦科克（Tancock）英译本做了少许修改，译文虽三易其稿，恐其中仍有错误疏漏之处，还望识者指正。

致读者[1]

现在的这个《道德思考录》[2]第五版增加了一百多条新的箴言，意义也比第四版更准确了。公众对它们的赞美目前已超过我能为它们说的好话，并且，如果它们是如我所认为的那样（而我是有理由相信是这样的），则人们对于它们所能做的，没有什么比想象它们需要赞扬更错不了的了。我将满足于提醒大家两件事：一件是人们并不总是把"利益"这个词理解为一种财产方面的利益，而经常倒是把它理解为一种有关光荣或名誉的利益；另一件事（这也像是所有这些思考的基础），就是作者仅仅考虑了处在那种本性被罪孽腐蚀的可悲状态中的人们。因此，他谈论那无数融进他们表面道德中的缺陷的方式，与上帝以一种特别的恩惠所眷顾的人们无关。

至于这些思考的秩序，人们可以不费力地判断出它并

---

[1] 这是作者为1678年版即作者生前最后一版《道德箴言录》写的序。
——译者注
[2] 本书全名《关于道德的思考或警句箴言》，后人习称《道德箴言录》。
——译者注

不容易看出，因为这些思想论及的都是不同的题材，虽然有一些主题相同，人们怕干扰阅读也不认为总是有必要连贯地安排它们；然而，大家还是可以在后面的索引中得到一些帮助。

目 录

一六七八年版《道德箴言录》
001

遗下的箴言
103

删去的箴言
117

附录
139

拉罗什福科生平年表
148

让·巴普蒂斯特·乌德里

《拉封丹寓言〈人及其影子〉》中的拉罗什福科

1729—1734年

一六七八年版《道德箴言录》

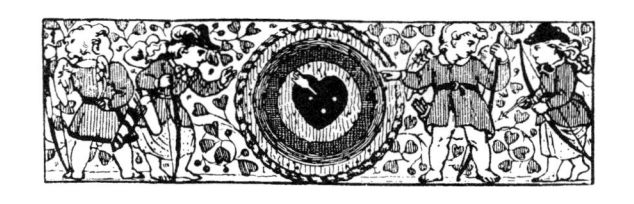

1

人们所谓的德性，常常只是某些行为和各种利益的集合，由天赐的运气或自我的精明巧妙地造成。男人并不总是凭其勇敢成为勇士，女人亦不总是凭其贞洁成为贞女。

2

自爱是最大的奉承者。

3

我们在对自爱的探索中只是达到这样一个发现：自爱对我们依然是一个未知的世界。

4

自爱比世上最精明的人还要精明。

5

我们的生命中断之日，才是我们的激情终止之时。

6

激情常常使最精明的人变成疯子，使最愚蠢的傻瓜变得精明。

7

那些像名画一样炫人眼目的伟大而辉煌的行动，是某些政治家的登台表演，然而它们也只是一些情绪和激情的普通结果。同样，奥古斯特与安东尼的斗争——人们说成是他们有主宰世界的野心的那场斗争，可能也只是一种猜忌的结果。

8

激情是唯一始终在进行说服的演说家。它们似乎赋予自己主人一种天生的技艺，其规则是准确无误的。具有激情的最笨讷的人，也要比没有激情的最雄辩的人更能说服人。

9

激情有自己不义的嗜好，使它的主人做出非常危险的事情。我们应当谨防它们，即使在激情表现得似乎最合乎理性的时候。

10

激情在人的心灵里源源不断地产生：一种激情的消除，几乎总是意味着另一种激情的确立。

11

激情常常激起与自己对立的东西。吝啬有时产生挥霍，挥霍有时导致吝啬；人们常常是通过软弱而达到坚强，通过怯懦而达到勇敢。

12

在那虔诚和光荣的麒麟皮下，露出了人们煞费苦心想隐藏的情欲的马脚。

13

我们的自爱心，比起遵循我们意见的指引来，更多地遵循我们趣味的指引。

14

人们不仅忘恩负义，饮恨吞声，甚至恩将仇报，认敌为友；善应善报，恶应恶报，在他们看来倒像是受人奴役了。

15

君主的大度常常只是笼络人心的政治姿态。

16

这种人们看作是德行的大度,其动机有时是虚荣,有时是迟钝,经常是恐惧,而更多情况下是这三者合一。

17

幸运者的节制来自好运气给予他们的心情宁静。

18

节制不过是害怕遭到人们的嫉妒和非议而已,因为这种嫉妒和非议会降临于那些陶醉于幸运的人身上。节制也是我们精神力量的一种无谓的炫耀,说到底,节制出于那些运气较佳的人的一种这样的欲望——他们想使自己显得比自己的幸运更伟大。

19

我们每个人都有足够的力量去承担别人的不幸。

20

贤者的坚定不移只不过是来自禁止自己心灵骚动的艺术。

21

那些被判罪而遭受折磨的人，有时会装出一种坚定的态度来蔑视死亡（这种蔑视事实上只是害怕直面死亡），这就使人们能够说这种坚定和蔑视是属于他们的精神，就像说遮眼布条是属于他们的眼睛。

22

哲学轻易地战胜已经过去的和将要来临的痛苦，然而现在的痛苦却要战胜哲学。

23

很少有人认识死亡。人们通常并不是靠决心，而是靠愚钝、靠习惯来忍受它，大多数人赴死只是把它看作一件不得不接受的事实。

24

直到那些大人物被长期的厄运打倒，他们才发现他们过去只是靠自己野心的力量,而不是靠自己的灵魂来支持的,才发现周围有一种巨大的空虚,那些英雄的所作所为和其他人的行为并没有什么两样。

25

承受好运须有较恶为多的德性。

26

不灭的太阳亦不能使人们久视。

27

我们常常以我们的激情,甚至以最有罪的激情为荣,而嫉妒却是一种羞耻和不光彩的激情,是一种人们矢口否认自己拥有的激情。

28

猜忌在某些方面来说还是公平合理的,它只是倾向于使人们保存属于自己或认为是属于自己的利益,然而,嫉妒却是一种不能忍受别人幸运的愤怒。

29

我们所行的恶,还不及我们的善良品质那样给我们招来那么多的迫害和仇视。

30

我们的力量其实超过我们的意愿，而我们却经常自我辩解说：某些事情是不可能的。

31

如果我们自己毫无缺点，我们也就不会在注意别人的缺点中得到那样多的快乐。

32

猜忌是在怀疑中滋长的，当人们从怀疑达到确信时，它就变成愤怒，或者立刻消失。

33

骄傲总是能找到骄傲的理由，甚至在它放弃虚荣的时候。

34

如果我们自己毫无骄傲之心，我们就不会抱怨别人的骄傲。

35

所有人都是同样的骄傲,只是表现的方式和手段不同。

36

正像自然非常明智地安排了我们身体的各种器官以使我们幸福,它也给了我们骄傲以使我们免去知道自己不完善的痛苦。

37

在我们劝导行为不端者时,诉诸他们的骄傲要比诉诸他们的善良更有效,我们与其去纠正他们,不如去使他们相信:别人可能是免除了这些缺点的。

38

我们按照我们的希望许以诺言,我们根据我们的畏惧信守诺言。

39

利益以所有种类的语言发言,玩弄所有种类的人,甚至玩弄无私者。

40

利益使一些人盲目，使另一些人眼明。

41

那些太专注于小事的人通常会变得对大事无能。

42

我们没有足够的力量完全遵循我们的理智。

43

当人被别人引导时，他常常以为是自己在引导自己，而当他靠自己的精神趋向一个目标时，他的心灵则不知不觉带走别的心灵。

44

精神的有力或软弱实际上只是身体器官好或者坏的状况。

45

我们心情的反复无常比运气的反复无常还要来得古怪和不可理喻。

46

哲学家们对于生命的眷恋或冷淡只不过是他们自爱的口味不同，我们无须再去争论那舌间的味觉或色调的选择。

47

命运降临到我们身上的一切，都由我们的心情来确定价格。

48

幸福在于趣味，而不在于事物。我们的幸福在于我们拥有自己的所爱，而不在于我们拥有其他人觉得可爱的东西。

49

我们既不像我们想象的那样幸福，又不像我们想象的那样不幸。

50

有些自视甚高的人使不幸成为一种荣耀，他们想说服别人和自己：只有他们才是配得上命运折磨的。

51

我们在某个时候赞成的东西,我们在另一个时候又加以反对——目睹此情此景最能削弱我们的自满之心。

52

不管人们的命运看来多么悬殊,还是存在着使好运与厄运相互平等的某种补偿。

53

仅仅天赋的某些巨大优势并不能造就英雄,还要有运气与它相伴。

54

哲学家们蔑视财富,不过是想通过蔑视命运不赐予他们的东西,而隐瞒自己对命运赏赐不公的报复心理。这种蔑视也是一种保证自己在贫困中不致堕落的秘诀,是一种获得尊敬的改弦易辙——这尊敬是他们不可能依靠财富得到的。

55

厌恶恩惠不过是爱好恩惠的另一种方式。我们通过对蒙受恩惠的人们表示蔑视,来安慰和缓解自己没有得到恩惠的苦恼；既然不能夺走使那些人吸引芸芸众生的东西，我们就拒绝给他们以尊敬。

56

为了在社会上获得成功，人们就竭力做出在社会上已经成功的样子。

57

不管人们怎样夸耀自己的伟大行动，它们常常只是机遇的产物，而非一个伟大意向的结果。

58

我们的各种行动布满了幸运或不幸，人们对这些行动的大量褒贬就来自这些幸或不幸。

59

没有什么不幸的事件是精明的人不能从中汲取某种利益的，也没有什么幸运的事件是鲁钝的人不会把它搞得反而有损于自己的。

60

命运会推动一切使之有利于它青睐的人们。

61

人们的幸福或不幸依赖于他们情绪的程度,不亚于运气的好坏依赖于他们情绪的程度。

62

真诚是一种心灵的开放。我们很少发现十分真诚的人,而通常我们所见的所谓真诚,不过是一种想赢得别人信任的巧妙掩饰。

63

讨厌说谎常常出于一种不易觉察的野心,是想给我们的话提供有力的证据,并吸引人们以崇敬的口气加以谈论。

64

真理并没有像伪真理造成那样多的坏事一样在世界上造成同样多的好事。

65

人们毫不吝啬地赞扬"明智",而它在最小的事情上也不能为我们提供担保。

66

一个精明的人必须安排好他的利益的等级,使之井然有序。在我们同时急着做许多事情时,我们的贪婪常常会扰乱这一次序,结果因为贪恋了太多的很不重要的东西,我们错过了那些最重要的事情。

67

优雅之于身体,犹如良知之于精神。

68

给爱情下定义是困难的,我们只能说:在灵魂中,爱是一种占支配地位的激情;在精神中,它是一种相互的理解;在身体方面,它只是对躲在重重神秘之后的我们的所爱一种隐秘的羡慕和优雅的占有。

69

如果有一种不和我们其他激情相掺杂的纯粹的爱,那就是这种爱：它隐藏在心灵的深处，甚至我们自己也觉察不到它。

70

爱情不可能长期地隐藏，也不可能长期地假装。

71

当人们不再相爱时，几乎谁都会为他们曾有的那爱感到羞耻。

72

当我们根据爱的主要效果来判断爱时，它更像是恨而不是爱。

73

我们可以发现一些从未有过私情的女子，却很难找到只有过一次私情的女子。

74

爱情只有一种，其副本却成千上万，千差万别。

75

爱情和火焰一样，没有不断的运动就不能继续存在，一旦它停止希望和害怕，它的生命也就停止了。

76

确实，爱就像精灵的模样：满世界都在谈论，却没人见过一眼。

77

爱情出借它的名字给无数我们认为属于它的交往，然而，对于这些交往，它所知道的并不比总督对威尼斯城所发生的事情知道得更多。

78

热爱正义的大多数人不过是害怕遭受不义。

79

沉默是缺乏自信的人最稳当的选择。

80

我们交友如此多变，是因为我们难以认识灵魂的性质和容易看到智力的优点。

81

跟我们爱自己相比，我们实际上不爱什么人，当我们爱友甚至爱己时，我们只不过是在遵循自己的趣味和喜好，然而，正是靠这种唯一的爱人胜过爱己的友爱，友谊才可能是真实和完美的。

82

与敌手的和解只是出于一种想改善自己状况的欲望，或者是出于对斗争的厌倦，再不就是对某一坏结局的恐惧。

83

人们称之为"友爱"的，实际上只是一种社交关系，一种对各自利益的尊重和相互间的帮忙，归根结底，它只不过是一种交易，自爱总是在那里打算着赚取某些东西。

84

不信任自己的朋友比受朋友欺骗更可耻。

85

我们经常自以为我们爱某些人胜过爱我们自己,然而,造成我们的友谊的仅仅是利益。我们把自己的好处给别人,并非我们要对他们行善,而是为了我们能得到回报。

86

我们的提防证明着别人的欺骗。

87

假如人们不是相互欺骗,人们就不可能在社会中长久生存。

88

我们根据对自己朋友的满意程度,在自己心目中增加或者减少他们的优点,我们按照他们与我们在一起生活的方式而非他们本人来判断他们的价值。

89

人人都抱怨他的记忆力,却没人抱怨他的判断力。

90

在生活交往中，我们更经常由于我们的缺点，而不是由于我们的优点讨人喜欢。

91

即使是最大的野心，在它通往它渴望的目标的路上遇到绝对不可逾越的障碍时，人们还会以为它是最小的野心。

92

雅典人中间有一个疯子，他以为所有到港的大船都是属于他的。要使一个人从自高自大中醒悟过来，就需给他一个如雅典人给予那个疯子一样坏的对待。

93

老年人喜欢给人以善的教诲，因为他们为自己再也不能做出坏的榜样而感到宽慰。

94

伟大的称号没有提高反而降低了那些不知道自立自强的人。

95

一个十分杰出的功绩的标志是：那些最嫉妒它的人也不得不赞扬它。

96

这样的人是忘恩负义的：他在忘恩负义方面的过错还不及给他好处的人那样多。

97

当我们以为理智和洞察力是两个不同的东西时，我们是弄错了，洞察力只是理智的灿烂光芒，这种光芒渗进事物的深处，在那儿它注意值得注意的一切，领会似乎不可理解的东西。同样，也还应当承认：那些我们归之于洞察力产生的效果，也属于理智之光的范围。

98

每个人都说他的心灵好，但没人敢这样说他的精神。

99

精神的高雅在于思考那些善良和优美的事物。

100

精神的文雅就是以一种令人欣悦的方式谈论那些让人喜欢的事物。

101

经常如此：事物更完美地呈现在那并不雕琢它们的精神面前。

102

精神始终是心灵的受骗者。①

103

并非所有认识他们精神的人都认识他们的心灵。

104

各种人和事都有自己的观察点，有的需要抵近去看以做出正确的判断，有的则只有从远处看才能判断得最好。

---

① 心灵与精神（理智）的对立是当时哲学家热烈思考的一个主题，帕斯卡尔也说："心灵有它自己的理性不知道的道理。"

105

那偶然发现他有理性的人并不是有理性的,而那认识、辨别、欣赏理性的人才是有理性的。

106

为了正确地了解事物,应当知道其中的细节,而由于细节几乎是无限的,我们的知识就始终是浮浅和不全面的。

107

夸赞一个人从不调情,本身也是一种调情。

108

精神并不能够长期扮演心灵的角色。

109

年轻人根据其血液的热度改变他的趣味,老年人则根据习惯保持他的趣味。

110

我们给别人什么东西都不像我们给别人劝告那样慷慨。

111

我们越是爱我们的情人，越是要准备遭怨。

112

随着年龄的增长，精神的缺陷也像脸上的缺陷一样增加。

113

有好的婚姻，但其中并无极乐。

114

我们不能宽慰自己被敌所欺和被友所叛，但却常常满足于自欺自叛。

115

骗人而不为人知异常困难，相反，自欺而不自知却十分容易。

116

再没有什么比请求劝告和给予劝告的方式更不真诚的：那请求劝告的人显出一副对朋友的意见毕恭毕敬的样

子,虽然他只不过是想要人赞同他的意见,为他的打算提供担保;而那给予劝告的人则表现出一种真挚热情的无私来回报这信任,尽管他在他给予的劝告中最常寻求的只是他自己的利益和自己的光荣。

117

所有诡计中最狡猾的诡计就是:善于巧妙地假装自己已落入人们设置的圈套。因为,人们总是在打算欺骗别人时最容易受骗。

118

勿骗人的意愿,使我们经常受到别人的欺骗。

119

我们太习惯于向别人伪装自己,以致最后我们向自己伪装自己。

120

人们的背叛更多的是因为软弱,而不是因为一种背叛意图的形成。

121

我们行善常常是为了我们可以不受惩罚地行恶。

122

如果我们抵制住了激情的诱惑,这更多的是因为它们的微弱而非我们的坚强。

123

我们不自我奉承就几乎找不到乐趣。

124

有些最机敏的人毕生都假装在谴责诡计,目的不过是在某个关键场合,为了某个重大利益自己使用诡计。

125

使用诡计通常是智力低下的标志,几乎总是如此:使用诡计的人为了在这个方面掩盖自己,却在另一方面显露原形。

126

诡计和背叛只不过是由于缺乏才干。

127

受骗的最可靠途径，就是自以为比别人更狡猾。

128

过度的精细是一种错误的明智，真正的明智是一种稳重的精细。

129

一个精明的人要想不受欺骗，有时只需不精明就够了。

130

我们唯一不会改正的缺点是软弱。

131

在那些热衷于制造爱情的女人的缺点中，制造爱情不过是她们最小的缺点。

132

明智地对待别人要比明智地对待自己来得更方便自然。

133

只有那些使我们发现蹩脚的原件之荒谬的副本才是好的副本。

134

我们因具有的品质而显出的荒唐可笑,远不及我们因假装出来的品质而显出的荒唐可笑。

135

我们同自己的差别有时跟别人同我们的差别一样大。

136

有些人假如不是打算谈论爱,他们本不会去爱。

137

当虚荣心不作声时,我们的话也很少。

138

比起保持沉默来,我们较喜欢谈论自己的痛苦。

139

使我们觉得在谈话中通情达理的令人愉快的人非常少的一个原因是：几乎没有一个人不是宁可思考自己想说的，而不愿确切地去回答人们对他说的。那些最精明和曲意奉承的人也仅仅满足于表现出一副在倾听的表情，在这同时，我们可以从他们的眼睛里，从他们的神态中发现一种对我们所说的话茫然不解的神色和一种急忙想把谈话引到他们关心的题目上去的企图，他们没有想到：那样力求使自己惬意是一个取悦或说服别人的坏办法，并且，好好地听取，好好地回答是我们在谈话中所能拥有的最大完善之一。

140
没有蠢人陪伴，一个幽默风趣的人常常会施展不开他的本领。

141
我们常常夸口说自己一个人并不感到无聊，我们非常自负而不想要坏的陪伴。

142
言简意赅是伟大精神的特征，相反，渺小精神的特征则是空话连篇。

143

我们过分夸赞别人的好品质与其说是出于对他们功绩的尊重，不如说是出于对我们自己意见的尊重，我们想让人们赞扬自己，仿佛是我们造就了他们。

144

我们并非爱好赞扬，没有利益我们决不赞扬任何人。赞扬是一种精明、隐秘和巧妙的奉承，它从不同的方面满足给予赞扬和得到赞扬的人们。得到赞扬的人就仿佛那是对他功绩的一个应有的报酬，给予赞扬的人则要让人注意他的公正和辨别力。

145

我们经常选择的是某些有害于被赞扬者的赞扬，这可以从我们赞扬人们的缺陷引起的反响中见到，这些缺陷是我们不敢以另一种方式揭示的。

146

我们赞扬通常不过是为了被赞扬。

147

很少有人明智到这一程度：喜欢对他们有利的责难，甚至喜欢会损害他们的赞扬。

148

有一些责难是赞扬，有一些赞扬是诽谤。

149

拒绝赞扬出自一种想被人赞扬两次的欲望。

150

要配得上人们给我们的赞扬的欲望，增强了我们的德性，人们给予理智、价值和美的赞扬也有助于增强它们。

151

防止自己受人支配要比阻止自己去支配别人更难。

152

假如我们不自我奉承，别人的奉承就不会损害我们。

153

自然给出优势,运气使其成为作品。

154

运气改正我们身上某些理智改正不了的缺点。

155

有些人尽管有功绩却令人厌恶,有些人尽管有缺点却讨人喜欢。

156

有些人的全部价值就在于说一些有用的蠢话和做一些有用的蠢事,假如他们改变他们的行为,反会把一切弄糟。

157

应当总是用那些大人物用来获取荣誉的手段来衡量他们的光荣。

158

奉承是一枚依靠我们的虚荣才得以流通的伪币。

159

光有伟大的品质还不够,还需好好地加以运用。

160

有的光辉灿烂的行动,如果它并非一个崇高意向的产物,不应把它归入崇高之列。

161

在行为和意向之间应当存在某种确定的比例,如果我们想从中推出行为所能产生的所有结果的话。

162

善于巧妙地利用自己平庸禀赋的人,常常比真正的卓越者赢得更多的尊敬和名声。

163

有无数表面上荒唐可笑的行为举止,其暗藏的理由却十分明智可靠。

164

显出一副配得上自己没有得到的职位的模样,要比胜任自己正在从事的工作更为容易。

165

我们的真正价值使我们受到正派人的尊敬，我们头上的光环则使我们受到公众的尊敬。

166

社会更经常地奖励功绩的外表而非功绩本身。

167

吝啬比慷慨更与善于理财对立。

168

希望——尽管它整个是骗人的——至少可以引导我们以一种惬意的方式走完生命的长途。

169

当懒惰和怯懦使我们回避我们的义务时，我们的德性就经常得到履行义务的全部荣誉。

170

很难判断一个干净、诚实和正当的行动是出于正直还是出于精明。

171

德行消失在利益之中,正如河流消失在海洋之中。

172

如果我们好好地考察一下无聊的各种表现,我们发现它更多的是想逃避义务而非追求利益。

173

有两种不同的求知欲:一种是出于利益——想学会可能对我们有用的东西;另一种是出于骄傲——想知道其他人不知道的东西。

174

最好这样运用我们的理智:在不幸降临时帮助我们承受不幸,在不幸可能降临时帮助我们预见不幸。

175

爱情的坚贞不渝实际是一种不断的变化无常,这种变化使我们的心灵相继依附于我们爱人的各种品质之上,迅即给予其中一个以偏爱,又迅即转到另一个,因此,这种坚贞不渝不过是发生在同一主体中的一种停而复行的变易。

176

在爱情中有两种坚贞不渝：一种是由于我们不断地在我们的爱人那里发现可爱的新特点，另一种则不过是由于我们想获得一种坚贞不渝的名声。

177

坚持不懈不值得谴责也不值得赞扬，因为它只不过是某些趣味和情感的持续，这些趣味和情感是我们不能自我抛弃亦不能自我给予的。

178

我们热爱新知识的原因，并不是我们对于旧知识的厌倦或对知识更新的爱好，而是因为厌倦了那些太了解我们的人的不多的钦佩，希望得到那些不太了解我们的人的更多的赞扬。

179

我们有时轻易地抱怨我们的朋友，以预先为我们的小毛病辩护。

180

我们的懊悔与其说是对我们所做的坏事感到内疚，不如说是对可能降临到我们身上的后果感到恐惧。

181

有一种变化无常，它来自精神的轻率和软弱，使精神接纳所有其他人的意见；另外还有一种变化无常则是言之有理的，它来自一种万物皆空之感。

182

恶行进入了德性的结构之中，正像毒药进入了药物的范围一样。审慎的明智聚集和缓解它们，有效地利用它们来反对人生的疾病。

183

我们还是应当同意（这是使德性光荣的）：人们最大的不幸是被罪恶压倒的不幸。

184

我们承认我们的缺点，是想用我们的真诚来弥补人们因这些缺点对我们形成的不利看法。

185

邪恶和善良一样有它自己的好汉。

186

我们并不蔑视所有沾染恶习的人,但蔑视所有毫无德性的人。

187

德性的名称可以像恶一样有效地服务于利益。

188

灵魂的健康并不比身体的健康更有保障,无论我们显得离激情多么遥远,被激情夺走的危险并不少于身体健康时突然患病的危险。

189

本性,似乎从每个人出生起就为他规定了行善和行恶的某些范围。

190

那些巨大的错误是属于伟人们的。

191

我们可以说：一些恶行正在人生的道路上等待我们，就像旅店老板必须不断在他家里接待投宿者一样。并且，即使我们被允许在同一条路上走两次，我也怀疑经验是否能使我们避免犯这种恶行。

192

当恶行离开我们时，我们就自吹自擂，相信是我们摆脱了它们。

193

灵魂的疾病就像身体的疾病一样有其复发的时候，当我们以为自己痊愈的时候常常不过是一次间歇或者转化。

194

灵魂的缺陷犹如身体的创伤，不管我们采取什么样的治疗方法，伤口总在那里，并随时有复发的危险。

195

那经常阻止我们沉溺于一种恶行的是我们还有其他的恶习。

196

当我们的缺点不暴露时，我们很容易忘记它们。

197

有一些人，如果不是亲眼所见，我们不可能相信他们的恶行，但实际上这里面并没有什么值得我们大惊小怪的东西。

198

我们渲染某些人的光荣是为了贬低其他一些人的光荣；并且，有时我们较少地赞扬亲王殿下①和德雷纳先生，只是因为我们不想直接责备他们。

199

想表现得精明的欲望常常阻止了实际上变得精明。

200

如果虚荣心不拉着德性一块走，德性走不了那么远。

---

① 指孔代，"王公投石党之乱"的首领。

201

那认为能够脱离整个世界而自足的人是十分自欺的,但那认为我们不能独立于世界的人就更自欺了。

202

假装正派的人是那些向别人和自己掩盖自身缺陷的人;真正正派的人是那些完全认识到自身缺陷并坦白地承认它们的人。

203

真正正派的人决不无中生有地吹嘘自己。

204

女人的严肃是一种用来增添她的美貌的面霜和扑粉。

205

女人的正派常常是因为爱好她们的名声和宁静。

206

那些想使自己总是置于正派人视线之内的人是真正的正派人。

207

疯狂毕生都跟随着我们。如果有什么人显得明智，那只是因为他的疯狂要与他的年龄和运气相称。

208

有一些笨人的自知之明在于能巧妙地运用他们的傻劲。

209

没经历过疯狂的人并不像他想象的那样明智。

210

我们在年老时变得愈加疯癫也愈加明智。

211

有些人就像流行歌曲，我们只是在特定的时候唱起它们。

212

大部分人判断别人只是根据别人的时髦或者运气。

213

热爱荣誉、害怕耻辱、希望成功、企求舒适和嫉妒他人——这些经常成为在人类中如此著名的勇敢的原因。

214

勇敢在纯粹的士兵们那里，只是一种为了谋生而从事的冒险职业。

215

完全的勇敢和完全的怯懦是人们很少达到的两极，这两极之间的空间是巨大的，容纳了所有其他种类的勇敢，其差别不比面孔与性格之间的差别小。有些人自愿冒险开始一个行动，在进行中又轻易地松懈下来和灰心失望，其中有的是满足于他们已履行了社会荣誉所要求的，并且努力多做了一些细小的事情。我们看到人们并不始终都同等地控制着他们的畏惧，有些人有时任凭一般的恐怖把自己攫走；一些人向前冲锋则是因为他们不敢在原地停留；有的人，因习惯于那些最小的危险而增强了去冒更大危险的勇气；还有的人，不害怕刀剑的锋芒却害怕火枪的射击；另一些人面对火枪镇静自如，面对刀剑则胆战心惊。所有这些不同种类的勇气在某种意义上说是相互协调的。黑暗通过增加恐惧和遮掩那些好的和坏的行为，给了我们谨慎行动的自由。还有另一种更普遍的谨慎从事是：由于绝无这样的人存在——这个人确信能在某个场合保护自己的性命，因而他做了在那个场合所能做的一切。那么，可见，对死亡的畏惧夺走了某些勇敢。

216

完全的勇敢给不出可以向全世界展示的证据。

217

无畏是灵魂的一种杰出力量，它使灵魂超越那些苦恼、混乱和面对巨大危险可能引起的情感。正是靠这种力量，英雄们在那些最突然和最可怕的事件中，也能以一种平静的态度支持自己，并继续自由地运用他们的理性。

218

伪善是邪恶向德性所致的一种敬意。

219

大多数人在战争中为了保持他们的名誉是相当冒险的，但很少人愿意总是这样冒险——冒超过冒险者计划取得成功所必需的危险。

220

虚荣、耻辱，尤其是气质，常常造就男人的勇敢和女人的贞洁。

221

我们不想失去生命，我们想要获得荣誉，这使得那些勇士在避开死亡方面，比那些要保存他们财产的讼师，有着更多的灵活和机智。

222

几乎所有人，在中年以后，都体验到他们的身体和精神不可避免的衰退。

223

感激犹如商人的信誉，这种信誉维持着商业贸易。我们支付欠账并不是因为偿清债务是正当的，而是为了更方便地找到再贷款给我们的人。

224

所有偿还了感激之欠账的人，决不能因此就自以为要得到别人的感激。

225

我们期待着别人对我们所给的恩惠表示感激，但发现这感激不如我们期望的那样大，这种不符的原因是：予者的骄傲和受者的自尊在恩惠的价格上意见不能统一。

226

我们对自己偿清了某一恩惠的过于急切和渲染的表示是一种忘恩负义。

227

幸运的人们很少纠正自己，当运气使他们的错误也带来成功时，他们总是相信自己行为合理。

228

骄傲不想欠账，自爱不想付款。

229

过去某人给予我们利益,想要我们不计较他们现在给我们造成的损失。

230

榜样是最富有感染力的,我们所做的大善大恶都会引起仿效。我们通过竞赛模仿好的行为,通过我们本性中的恶意模仿坏的行为,这种恶意本是耻辱扣留的俘虏,却又被坏的榜样放它以自由。

231

想独自明智是一种巨大的疯狂。

232

我们给我们的悲痛以某种托词,但引起悲痛的常常不过是利益和虚荣。

233

在悲痛中有各种虚伪的东西,其中一种是:在哀悼与我们亲近的一个人的死亡的借口下,我们哀伤的实际是我们自己,我们哀伤他对我们的好的看法,哀伤我们的利益、快乐和对我们的敬意的减少。同时，死者也有了使人流泪的体现，虽然这些眼泪只不过是为生者流的。我说这是一种虚伪，是因为在这些悲痛中人们是在欺骗自己。还有另一种虚伪却不是这样天真无邪，因为它要强加于全社会，这是那样一些人的悲痛，他们渴望着一种十足和不朽的痛苦的光荣。在时光已经载走了所有的悲痛，终结了他们实际上有过的痛苦之后，他们还是不放弃，仍然坚持他们的悲伤、他们的呻吟和他们的叹息，他们表现出一副悲哀者的模样，通过他们所有的行动努力使人们相信：非到生命终结，他们的痛苦不会停止。这些悲悲戚戚、让人厌烦的虚荣心通常可以在有野心的妇女那里发现，就仿佛她们的性别已经关闭了所有能使她们通向光荣的道路一样，她们就拼命通过攀登一种不可消解的痛苦的高峰来获得名声。此外，还有一种眼泪，其根源是微不足道的，它容易流出，也容易干涸，如人们为了有仁慈的名声而哭，为了被哀怜而哭，为了被人哭而哭，最后还有为了避开不哭的羞耻而哭。

234

我们始终在观点上顽固对立的原因，更多的是由于智慧的骄傲而非智慧的缺陷，是因为我们发现在正确的一方那些最先的位置已被人占了,而我们又不想要那些最末的座位。

235

我们容易安慰朋友的不幸,当这有助于标示出我们对他们的仁慈的时候。

236

自爱有时就像受了善良欺骗,当我们为别人的利益工作时,它似乎已把自己置之脑后。然而就在此时,它为达到它的目的实际上正在走一条最稳妥的路线,它是在赠予的名义下施放高利贷,通过一种狡猾的手段最终获得一切。

237

只有那种具有凶恶的力量的善良才值得赞扬,所有其他的善良最经常的只不过是意志的迟钝和无力。

238

对人们行太多的善比对人们行恶更为危险。

239

信赖名人实际上比骄傲更为自负,因为,我们把这种信赖看作我们优点的一个标志,而并不想到它常常只是出于虚荣或保守秘密的无能。

240

我们可以说,一个人不同于美貌英俊的那种魅力,是我们尚不知道其规则的一种匀称,是这个人的各种特征以及这些特征和他的外表、神态的一种神秘的和谐。

241

调情是女人性格的基调,至于并非所有女人都付诸实践,是因为某些人的调情被畏惧和理性阻止住了。

242

我们常常在以为不会妨碍他人的时候妨碍他人。

243

很少有什么事情从本性上说是不可能达到的,要达成它们更有赖于我们自己而非有赖于手段。

244

君主的精明在于清楚各种事物的价格。

245

知道隐藏自己的精明是一种巨大的精明。

246

慷慨常常只是一种伪装的野心,它蔑视那些小的利益是为了得到大的利益。

247

忠实,在大多数人那里只是吸引别人信任自己的一种手段,旨在使自己高出别人一头,并成为一些最重要的秘密的保管人。

248

崇高为了拥有一切而蔑视一切。

249

表现于人的声调、眼睛和神态中的雄辩绝不亚于表现于语言修辞方面的雄辩。

250

真正的雄辩在于说所有应当说的，且只说应当说的。

251

有一些人凭他们的缺点得势，另一些人因他们的优点失宠。

252

改变癖性十分罕见，相反，改变趣味却屡见不鲜。

253

利益在后面推动着所有种类的德性和恶行。

254

谦虚常常只是一种假装的顺从，我们利用它来使别人屈服。谦虚是骄傲的一种计谋——通过降低自己来抬高自己。骄傲的方式虽然千差万别，但没有一种方式能比它隐藏在谦虚的形象下更带隐蔽性，更能欺骗人的了。

255

所有情感都有自己特定的声调、姿势和面孔，正是这种好或坏、愉快或不快的添加物使人们喜爱或讨厌它们。

256

在所有职业中,每种职业都规定出一副面孔,以表示它想成为人们认为它应当是的那副样子。同样,我们也可以说,世界只不过是由面孔组成的。

257

庄严的神态,是人们发明出来用以掩盖精神缺陷的一种身体的奥妙。

258

好的趣味更多地来自判断力而非来自理性。

259

爱情的快乐就在于爱,并且,人体验这种激情比激发这种激情要更幸福。

260

礼貌是一种回收有礼貌的尊重的愿望。

261

人们通常给予青年人的教育，不过是他们在青年身上激起的第二手的自爱。

262

自爱在任何激情中都不像在爱情中那样有力地实施自己的统治，我们总是准备着比失去自己的宁静更多地牺牲我们的爱人的宁静。

263

我们称之为慷慨的，经常只是作为一个赠予者的虚荣，我们爱这种虚荣要超过爱我们所赠送的东西。

264

怜悯常常是一种在他人痛苦中感受到的我们自己的痛苦，是对我们今后可能遭到的不幸的一种先见，我们给他人以援助是为了保证他们在今后相似的情况下给我们以援助，恰当地说，我们给予他们的这种服务，是一种提前为我们自己做出的有利安排。

265

精神的狭隘造成顽固，人们不轻易相信离他们的视界稍远的东西。

266

以为只存在一些猛烈的能战胜其他感情的激情（像野心和爱情）不过是一种自欺。懒惰——它整个是疲惫无力的，却不放弃自己常常作为主宰的地位，它僭越生活中所有的意图和行动，冷漠无情地摧毁和耗竭各种激情和德性。

267

不经足够的考察就迅速地相信邪恶的事情是由于骄傲和懒惰，即人们想发现别人犯罪，又不想付出考察罪恶的辛苦。

268

对于某些蝇头微利，我们会拒绝某些仲裁者，我们很清楚我们的名望和荣誉有赖于这些人的裁决，他们与我们是完全对立的，或者因为他们的嫉妒，或者因为他们的成见，或者因为他们的愚蠢，而我们放弃我们的休息和生活诉诸裁判，只不过是为了要使判决有利于我们。

269

几乎没有人能明智到足以认识他做过的所有恶事。

270

已获得的荣誉是我们想再获得东西的保证金。

271

青春是一种不断的陶醉,是理性的热病。

272

拥有被广泛颂扬的功绩的人们,无须比那些还在关心用一些小事来赋予自己价值的人更谦虚。

273

有一些在社会上受到赞扬的人,他们的全部功劳只不过是具有某些可用于生活交往的恶行。

274

新颖的优美之于爱情,犹如花儿之于果实,她放射出一种稍纵即逝、永不复返的光彩。

275

宣扬得如此厉害的本性善，常常要靠最小的利益使之充实。

276

心不在焉减弱了那些平庸的激情，增强了那些伟大的激情，就仿佛风熄灭了蜡烛却燃旺了火焰。

277

女人们常常相信爱，但她们还是没有爱。一次私通的经历、大献殷勤的情感、对被爱的快乐的本能嗜好，以及遭到拒绝的痛苦，诸如此类。当她们自信拥有爱这种激情时，其实只不过是在调情。

278

使我们常常不满意那些调解人的是：他们几乎总是为了调解成功而放弃他们朋友的利益，他们在自己职业中获得的荣誉使他们致力于此。

279

当我们夸大我们的朋友对我们的柔情厚意时，经常更多的是由于欲望人们认识我们的价值而非出于对朋友的感激。

280

我们赞扬那些刚进入社会的人，常常是因为我们隐秘地嫉妒那些已经在社会上确立了地位的人。

281

骄傲激起我们的嫉妒心，也常常帮助我们节制它。

282

有一些伪装起来的谎言显得是那样的真实，以致没有受骗简直是判断失误。

283

利用别人的善告跟好的自我劝告一样需要才智。

284

有一些恶人，假如他们毫无善意，其危险性倒可能还要小些。

285

"崇高"的意义是相当确定的,然而我们还可以说它是一种正当的骄傲,是一条通向被颂扬的最高尚的道路。

286

再去爱一个我们确实已经不爱的人是不可能的。

287

我们在同一个问题上发现好几种解决的办法——这并非精神的丰富,而是一种智慧的缺陷,它使我们在所有显示出来激发我们想象力的东西面前停步不前,阻止我们先认识什么东西是最好的。

288

有一些疾病,在某些时候用药反会促其恶化,最大的明智就在于知道什么时候用药是危险的。

289

假装的单纯是一种巧妙的欺骗。

290

在性格中比在精神中有更多的缺陷。

291

人的价值就像果子一样有它的季节。

292

我们可以说，人们的性情就像大多数建筑物一样有各种不同的外观：有些是看了让人喜欢的，有些是看了让人讨厌的。

293

节制并不能制止和克服野心，它们两者绝不会同时并存。节制是灵魂的萎靡和懒惰，野心则是灵魂的活跃和勤勉。

294

我们总是喜欢那些崇拜我们的人，而并不总是喜欢那些我们崇拜的人。

295

我们远没有弄清楚我们所有的意愿。

296

爱那些我们不尊敬的人是困难的,但是,爱那些我们尊敬他们远胜于尊敬自己的人也同样困难。

297

身体的体液按通常的路线和规则在不知不觉地推动和旋转我们的意愿,它们聚集到一起,对我们实行一种连续和隐秘的统治,以致它们在我们的所有行动中扮演了一个重要的角色而我们却不自知。

298

大多数人的感激只是一种想得到更大恩惠的隐秘的渴慕。

299

几乎所有人都会愉快地去清偿那些小的欠情;有很多人对那些中等的欠情也会表示感激;但几乎没有人对那些巨大的恩惠不忘恩负义。

300

某些疯狂会像传染病一样蔓延开来。

301

不少人蔑视财产，但很少有人知道打发它。

302

通常只是在一些小的利益上，我们不相信假象而抓住了机会。

303

不管人们在我们面前把我们说得多么好，他们都并没有教给我们什么新东西。

304

我们常常原谅那些使我们厌烦的人，却不能原谅那些厌烦我们的人。

305

利益——我们谴责它造成我们所有的恶，却常常应该因它促成我们的善行而受到赞扬。

306

当我们还在帮助别人时,很少看到他们的忘恩负义。

307

和他人一起享有光荣是非常可笑的,仅仅自己享有光荣却是十分正派的。

308

人们发明出一种节制的德制,是为了限制伟人们的野心,安慰那些只有很少一点运气和价值的平庸者。

309

有一些人注定是蠢材,他们不仅按他们的抉择做蠢事,甚至命运也迫使他们做蠢事。

310

生活中有时出现这种情况:为了得到好处,必须发点儿疯。

311

假如有些人的荒唐没有显露出来,是因为我们没有仔细去寻找。

312

使情人们在一起彼此从不感到厌倦的原因是他们总在谈论自己。

313

为什么我们需要有足够的记忆力来回忆我们所经历的事情直至最小的细节呢?为什么我们又没有足够的记忆力来记住我们这些事情向同一个人讲过多少遍呢?

314

我们在谈论我们自己的过程中得到的极度快意将给我们造成这样一种担心:我们几乎没有把任何东西给听者。

315

通常阻止我们向朋友夸耀我们的心灵的并不是我们对他们的不信任,而是我们对自己的不信任。

316

意志薄弱的人不可能真诚。

317

施惠于忘恩负义者尚非大不幸,受恩于不正派的人才是一种难以忍受的不幸。

318

我们为医治疯狂找到了各种手段,对矫正一个乖戾的精神却无计可施。

319

人们不能长久地保持对他们的朋友和恩人应当抱有的感情,一旦得到自由,他们就常常谈论那些人的缺点。

320

颂扬君主们并不具备的德性,实际上是不受罚地诉说他们的不公。

321

比起那些爱我们超过我们所需程度的人,我们更接近那些恨我们的人。

322

只有可鄙的人才怕人鄙视。

323

我们的贤明和我们的利益一样需要命运的垂怜。

324

猜忌比爱情有更多的自爱。

325

我们常常靠恶的弱小来安慰我们,贫弱的理性并无安慰我们的力量。

326

荒唐比不体面更不体面。

327

我们有小缺陷只是为了使人们相信我们无大缺点。

328

嫉妒比仇恨更难和解。

329

我们有时自以为厌恶奉承,实际上只是厌恶奉承的方式。

330

我们原谅我们所爱的。

331

在幸福时比受虐时更难对情人忠实。

332

女人不知道她们所有的调情。

333

若不是怕人反感,女人绝不会有完全的严肃。

334

女人克服她们的调情比克服她们的激情更难。

335

在爱情中,欺骗几乎总是比提防走得要远。

336

有这样一种爱情，它过分阻止了猜忌。

337

某些好的品质就像感觉，它们完全是个人内在的东西，既看不到它们又不能理解它们。

338

当我们的恨太活跃时，它就把我们降低到我们所恨的人之下。

339

我们只是依照我们的自爱来感觉自己的善和恶。

340

大多数女人的精神更有助于加强她们的疯狂而非加强她们的理性。

341

青年人的激情并不比老年人的冷淡更危及得救。

342

人们所由的出生地的口音不仅居于语言之中,也居于心灵和精神之中。[1]

343

要成为一个伟人,就应懂得利用所有的机会。

344

大多数人就像植物一样,拥有一些将由机遇揭示出来的隐蔽的属性。

345

机会使我们认识他人,更认识我们自己。

346

假如不是节制来协调,在女人的精神和心灵里不会有什么规则。

347

---

[1] 据有些评论,这一条是针对那时在法国摄政的外国人马扎兰等人的。

我们仅把意见和我们相同者看作有良知的人。

348

我们在爱的时候常常怀疑我们最信任的人。

349

爱情的最大奇迹,就是消除了调情。

350

有些人帮我们讥刺对我们玩弄诡计的人,是因为他们相信自己比我们更机敏。

351

当人们不再相爱时,要断交又有许多的痛苦。

352

人们和那些不许人厌烦的人在一起时几乎总是感到厌烦。

353

一个正派人可能像一个疯子那样去爱,但不会像一个傻瓜那样去爱。

354

某些缺点，如果好好地利用，会比德性本身更有光彩。

355

我们有时对自己失去的一些人的遗憾超过我们对他们的悲伤；而对另一些已逝者，我们悲伤却很少有遗憾。

356

对于善人们，我们通常只是赞扬其中的一部分——那些赞赏我们的人。

357

渺小的精神太易受到琐事的牵制，伟大的精神看到这一切琐事却不为其所累。

358

谦卑是基督教德性的真正标志，没有它，我们将保存我们所有的缺陷，这些缺陷只是被骄傲所遮蔽，骄傲向他人，并常常向我们自己掩盖它们。

359

不忠实会毁掉爱情,并且,当人们有猜忌的理由时,就绝不会缺少猜忌。那些避免猜忌的人正是备受人们猜忌的。

360

在我们看来,人们受到诋毁更多的是由于他们对我们做出的那些小的不忠,而非他们对别人做出的那些大的不忠。

361

猜忌总是与爱一起产生,但并非总是与爱一起消失。

362

大多数女人为她们情人的死而哭泣时,不是因为爱过他们,而是要显示她们配得上他们的爱。

363

人们施之于我们的强暴常常使我们感到比我们自施的强暴要少一些痛苦。

364

人们相当清楚应该尽量少谈论他们的妻子,却不够清楚还应当更少地谈论他们自己。

365

有一些天生的优良品性退化为缺陷,另一些后天获得的优良品性又绝非完善。应当这样,例如,由理性来安排我们的利益和信心,反过来,由本性赋予我们善良和勇敢。

366

不管我们对那些谈论我们的人的真诚抱有怎样的怀疑,我们总是相信他们对我们说的话比对别人说的话更真实。

367

很少有不对她们的正派生活感到厌烦的正派女子。

368

大多数正派女子是一些隐蔽的财宝,她们没出事只是因为别人没去寻找她们。

369

我们为自禁爱情,而施之于自身的强暴,往往比我们所爱的人的严厉更为残忍。

370

很少有胆怯者总是能弄清楚他所有的害怕。

371

那热恋着的人几乎总是犯这样的过错：不知道什么时候别人停止了爱他。

372

大多数年轻人当他们粗鲁和没礼貌的时候，还以为这是很自然的。

373

有某些眼泪在欺骗了别人之后，常常接着欺骗我们自己。

374

如果有人以为他爱自己的情人是因为情人对他的爱，那他可就完全弄错了。

375

平庸的精神常常谴责所有超越它们智力范围的东西。

376

嫉妒被真正的友谊驱除，调情被真正的爱情消灭。

377

洞察力的最大缺点不是达不到目标，而是越过了它。

378

我们给予某些劝告，却不激发任何行动。

379

当我们的人格降低时，我们的趣味也跟着下降。

380

命运显示出我们的德性和恶性，就像光线显示出各种物体。

381

我们为了继续对我们的爱人保持忠诚而施于自身的强迫，很难说比不忠要好。

382

我们的行为就像某些押韵诗词，每个人都能把它们放进他欣悦的形式里。

383

对谈论自己和展示我们愿给别人看的那些缺点的欲望，构成我们真诚的一大部分。

384

我们只应对我们还能够感到惊讶这一点感到惊讶。

385

要想在我们有许多爱的时候和几乎不再有爱的时候感到满足，差不多是同样困难的。

386

没有什么人比那些不能容忍别人错误的人更经常犯错误。

387

一个蠢人缺乏足够的资质使自己变得聪明。

388

虽然虚荣没有完全颠倒那些德性，至少它完全动摇了它们的基础。

389

我们难以忍受别人的虚荣，因为它伤害了我们的虚荣。

390

人们放弃他的利益比放弃他的趣味更容易。

391

命运并不像没从它得到好处的人们那样觉得是盲目的。

392

应当像把握健康那样把握命运：当它是好运时就享用；当它是厄运时就忍耐，若非极其必需，决不要做重大改变。

393

庸俗的神态有时在军营中消失，但绝不会在宫廷中消失。

394

一个人可能比另一个人狡猾，但他决不会比所有人狡猾。

395

有时我们被我们的爱人欺骗的不幸还不及我们从中醒悟的不幸。

396

一个人会长久地留住他的第一个情人，当他还没找到第二个的时候。

397

我们不敢概括地说我们完美无瑕，而我们的敌手一无是处，但在具体情况中，我们却接近于这种看法。

398

在我们所有的缺点中，我们依旧惬意地与之和平相处的是懒惰，我们自以为它连接着所有宁静的德性，相信它只是暂时搁置一些职责，并且没有完全取消其他职责。

399

有一种完全不依靠运气的高尚：它是一种确定的神态举止，它标示出我们似乎注定要从事伟大的事业，这是一种我们不知不觉自我赋予的价值，正是靠这种品质，我们赢得了其他人的尊敬，也正是它，常常使我们高出那些门第出身、高官显爵和功绩本身。

400

有并不高尚的价值，但绝无不带有某种价值的高尚。

401

高尚之于价值，犹如首饰之于美人。

402

在调情中爱情最少。

403

命运有时利用我们的缺点来提高我们。有些人是如此让人讨厌，假如我们不是想摆脱他们，本不会给他们的功绩以奖赏。

404

看来，本性一直是隐藏在我们尚不认识的一种精明和才智的精神深处，只有激情有权揭示它，时而给我们一些比技艺所能做得更为确定和完全的洞见。

405

我们要在生命的各个时期接触一些全新的东西，而且，在每个时期，不管我们年龄多大，我们还是常常缺少经验。

406

调情的女人给自己造成被情人们猜忌的光荣，以掩盖她对其他女人的嫉妒。

407

那些中了我们诡计的人，远非我们所感到的那样荒唐可笑——像我们中了别人诡计时那样荒唐可笑。

408

曾经是可爱的人到老年最有害的荒唐就是他们忘记了自己不再是可爱的。

409

我们常常要为我们那些较好的行为感到羞耻,假如人们真正看清了产生这些行为的所有动机。

410

友谊的最大努力并不是向一个朋友展示我们的缺陷,而是使他看到他自己的缺陷。

411

我们的缺点很少有比我们用来掩盖这些缺点的手段更不可原谅的。

412

不管我们受到什么样的耻辱,我们几乎总是有能力恢复我们自己的名誉。

413

单一精神的人不会长久地使人愉快。

414

疯子和傻子只是通过他们的性情才被发现。

415

理性有时放肆地帮我们做一些蠢事。

416

老年时增加的活力是跟疯狂相伴而行的。

417

在爱情中，最先被治愈的也总是治愈得最好的。

418

不愿露出媚态的少女和不想显得荒唐的老翁，决不应该像谈论一件似乎他们也能参与一份的事情一样谈论爱情。

419

我们能够在一个低于我们价值的职位上显得伟大，但在一个高于我们价值的职位上却常常显出渺小。

420

我们常常相信我们在不幸中具有一种坚定性，其实那时我们只不过是精疲力竭，我们只是忍受不幸而不敢正视它，就仿佛那些害怕自卫而任人宰割的胆小鬼。

421

信任比机智更有助于谈话。

422

所有的激情都使我们做出错事,而爱情则使我们做出更可笑的错事。

423

很少有人懂得什么是衰老。

424

我们会以与我们的缺点相对峙的缺点为荣耀:当我们软弱的时候,我们就自夸是顽强。

425

洞察力有一副预言家的神气,它比精神所有其他的能力都更能恭维我们的虚荣心。

426

新颖的优雅和长久的习惯,尽管它们是对立的,却同等地妨碍我们察觉我们朋友的缺点。

427

大多数朋友败坏了我们对友谊的胃口,大多数虔信者使我们对虔诚感到厌恶。

428

我们很容易原谅我们的朋友那些不损害到我们的缺点。

429

处在爱恋中的女子,比起原谅小的不忠来更易原谅那些大的冒犯。

430

在爱情衰老时就像在生命衰老时一样,我们还继续活着是因为痛苦,而不再是为了欢乐。

431

没有什么比力求显得自然更有碍于自然的了。

432

对善心的赞扬就是以某种方式把善分给自己一份。

433

生来就具有某些伟大品质的人的最可靠标志是生来就没有嫉妒。

434

当我们的朋友欺骗了我们时，我们只需对他们友谊的表示报以冷淡，但我们对他们的不幸却应当总是敏感。

435

命运和情绪统治着世界。

436

一般地认识人类要比单独地认识一个人容易。

437

我们不应根据一个人的卓越品质来判断他的价值，而应根据他对这些品质的运用来判断他的价值。

438

存在某种这样的感激：它不仅偿清了我们收到过的恩惠，甚至使我们的朋友倒欠我们。

439

假如我们完全弄清了我们的欲望是什么,我们大概就不会那样热烈地欲求那些东西了。

440

大多数女人很少为友谊所动的原因是:当体验到爱情时,友谊就寡淡无味了。

441

在友谊中正像在爱情中一样,常常是那些我们不知道的东西比那些我们知道的东西使我们感到幸福。

442

我们试图以那些我们不想改正的缺点为荣。

443

那些最猛烈的激情有时会放松我们一阵,而虚荣心却总在挑动我们。

444

老年人的疯癫胜过年轻人的疯癫。

445

软弱甚至比恶行更有害于德性。

446

人们对受耻辱和被猜忌感到非常痛苦的原因是虚荣心忍受不了它们。

447

礼节是所有规范中最微小却最稳定的规范。

448

健全的精神使自己服从于乖戾的精神比引导它们受到的折磨还要少些。

449

当命运在给我们一个重要的地位后,发现我们在那儿并没有逐步地引导自己,或者没有通过我们的希望提高自己时,我们要继续保持和配上这个地位几乎是不可能的。

450

我们的骄傲常常发展到使我们改掉我们其他的缺点。

451

没有比那些有点理智的傻瓜更让人讨嫌的了。

452

世上尚无这样的人:他相信他的所有品质没一个比得上他在世界上最尊敬的人。

453

在重大的事务上,我们应该少用心去创造机会,而更多地注意利用现有的机会。

454

很少有这样的情况:我们用一种恶劣的办法放弃了据说是属于我们的财产,只要人们说这办法是恶。

455

不管这世界多么不公平,我们还是可以看到,对虚伪价值的溺爱要比对真理的践踏来得更经常。

456

我们有时因为理智成为一个傻瓜,但决不会因为判断力成为一个傻瓜。

457

我们就让人们看见我们的本来面目，比起我们力图表现出另外的样子会给我们带来更多的利益。

458

我们的敌手对我们所做的判断，比我们自己对自己的判断更接近真实。

459

有几种医治爱情的药物，但它们并不是包准灵验。

460

我们远没有弄清我们的激情对我们所做的一切。

461

老年是一个暴君，因自己处在生命的痛苦中就禁止青春的所有欢乐。

462

骄傲使我们谴责那些我们认为自己已免除了的缺点，同时，使我们蔑视那些我们自己没有具备的好品质。

463

同情我们敌人的不幸，常常更多的是由于骄傲而非善良，我们对他们表示同情是为了使他们感到我们是高于他们的。

464

有某种过分的善和过分的恶超出了我们的感觉范围。

465

天真无邪远非不能像罪恶那样保护自己。

466

在所有猛烈的激情中，最不适合女人的是爱情。

467

虚荣心比理智做了更多不合我们口味的事。

468

某些凶恶的品质造就了伟大的才能。

469

我们决不会热烈地欲望仅凭理智所欲望的事情。

470

我们所有好和坏的品质都是不确定和不可靠的,它们几乎总是需要机遇的垂怜。

471

女人在最初的激情中爱她的恋人,在随后的激情中则是爱爱情本身。

472

骄傲像其他的激情一样有它的古怪之处,我们在承认我们有过猜忌心时感到羞愧,而我们又以有过这种羞愧和能有这种羞愧而感到骄傲。

473

真正的爱情已够难得,真正的友谊更属罕见。

474

美色已逝而价值犹存,这样的女子微乎其微。

475

渴望被同情和被崇敬,常常构成我们的信任的最大部分。

476

我们的嫉妒总是比我们所嫉妒的人的幸运持续得更久。

477

用来抵抗爱情的那种坚强有力,同样也可用来使爱情猛烈和持久;而那些软弱的人,总是受激情影响,又几乎从不真正付诸行动。

478

并非想象力发明了各种各样的矛盾,矛盾天生存在于每个人心灵之中。

479

只有坚强有力的人才能有一种真正的温柔,那些表现上温柔的人通常只不过是软弱，这种软弱很容易转变成尖酸刻薄。

480

畏首畏尾是一种缺点，不利于我们纠正那些我们想纠正的人。

481

再没有什么比真正的善良更稀少的了，甚至那些相信自己善良的人通常也只不过是有一种讨好和软弱的癖性。

482

精神因为懒惰和惯性而依恋于那些使它舒适愉快的事情，这种惰性总是为我们的认识设置界限，没有人愿意承担尽其所能地发展和引导他的精神的辛苦。

483

通常是虚荣而非恶意使人们变得更凶恶。

484

当我们的心灵还受到一种激情的残余影响时，我们是宁可再获得一种新的激情，而不愿痊愈的。

485

那些拥有过伟大激情的人，毕生都感受着他们痊愈的幸福和悲哀。

486

没有私欲的人尚比没有嫉妒心的人多些。

487

我们的精神比我们的身体有着更大的惰性。

488

我们情绪的宁静和骚动并不是那样依靠我们生活中发生的比较重大的事件，而是更依赖于对每天发生的各种细小事情的让人舒服或不舒服的处理。

489

不管人们是多么凶恶，他们都不敢公开表现出自己是德性的敌人，当他们想要迫害德性时，他们就假装认为它是虚假的，或者设想它是恶。

490

我们常常由爱情转入野心,而很少由野心转回到爱情。①

491

极端的贪吝几乎总是闹出错误,它绝没有那种可以比较经常地撇开自己目标的能力,不能够超越那会造成未来损失的现在的激情。

492

贪吝常常产生各种对立的效果:许多人为了某些可疑和遥远的期望牺牲他们的所有财产,另一些人却为了现在的蝇头微利而轻视将要来临的重大利益。

493

人们仿佛觉得自己缺点还不够多,他们还在通过某些奇特的品质增加其数目,他们爱用这些奇怪的东西点缀自己,怀着十分的细心培植它们,以致最后使它们成为他们无力校正的天生的缺点。

---

① 可参照据说是帕斯卡尔作的《谈爱的激情》中的一段话:"一个以爱情开始而以野心告终的生命是幸福的!"

494

别人谈论他们的行为举止时常使我们觉得他们是毫无过错的，这一事实说明人们比我们所想的更清楚地知道他们的缺点。蒙蔽他们的同一个自爱通常会在那时照亮他们，给他们一种非常准确的洞见，使他们能隐匿或略去那些可能受到指责的哪怕最小的事情。

495

进入社会的年轻人应当要么是腼腆的，要么是冒失的，那种貌似能干的矫揉造作的神态通常会转变成愚蠢的失礼。

496

假如错误只在一方，争吵就不会持久进行。

497

年轻而不优美，或者优美而不年轻，都是没有用处的。

498

有些人十分轻浮和浅薄，以致他们既远离坚定的德性，又远离真正的缺点。

499

人们通常只是在女人们第二次调情时才回想起她们的第一次调情。

500

有些人是如此让自我充满，以致当他们恋爱的时候，也找到了让他们的激情而非他们所爱的人占据自身的办法。

501

无论爱情多么令人愉快，它还是更多地依靠展示它的方式而非它本身来愉悦人。

502

不够机智但却直截了当的精神毕竟比富于机智却拐弯抹角的精神要少烦人一些。

503

猜忌是所有恶中最大的，它对引起猜忌的人们给予的怜悯最少。

504

在谈过表面的德性之虚假以后，接着谈谈对死亡的蔑视之虚假是有道理的，我这里的意思是指那种异教徒自夸可以借此调动他们自身的力量，而无须希望一个更好的来世的对死亡的蔑视。事实上，在坚定地忍受死亡和蔑视死亡之间存在着差别，前者罕见但却确有其事，而后者我认为是不真实的。然而，人们还是写出了种种能最好地说服人相信死亡并非一种恶的文字，那些最软弱的人和英雄们也给出了成千上万有名的范例来巩固这种意见。可是我怀疑具有好的感知的人们会相信它，人们为说服自己和他人付出的辛苦就足以说明这种说服是不容易的。人们可以在生活中有各种厌恶的对象，但他们绝无理由蔑视死亡，甚至那些自愿赴死的人也不能因为如此小的缘由而这样考虑它，当死亡按照非他们选择的另一条路降临于他们时，他们像其他人一样感到震惊和否定它。人们注意到的无数勇士勇气上的不等，来自他们想象中呈现死亡的不同，在一个时候比另一个时候表现得更为鲜明迫近，因此，在蔑视了他们所不知道的东西以后，他们终于还是害怕起他们所知道的东西。如果我们不愿相信死亡的最大的恶，就应当避免直面死亡及它的所有情形。最明智和最勇敢的人们是那些用最正派的名义来阻止自己考虑它的人，但所有知道它的人却看见它就像被发现的那样是一大恐怖。死亡的必然性造就了哲学家们的全部坚定性。[1]他们认为在我们知道不能阻止自己的逝去,不能无限延长自己的生命时,就应当优雅地逝去。他们并没有为永存他们的名声和挽救那不能担保的毁灭做什么事情。为了做出一副从容镇定的表情赴死,让我们满足于不向自己谈论我们所想的一切吧,让我们更多地寄希望于我们的气质而非那些软弱的推理吧,那些推理使我们误以为我们能够冷淡地接近死亡。坚定地迎接死亡的光荣,使人们感到懊悔的希望,获得一种好名声的欲求,摆脱生活的悲惨和不再依赖莫测的命运的确信——这些都是我们医治恐死症不应拒绝的药物。但我们也不要以为这些药物都是灵验的,它们为保护我们只是起了一种简单的障碍物常起的作用,在战争中,这种障碍物是用来保护那些必须抵近敌方火力网的人的,当我们离它还远时,我们想象这可能是个好的掩护;但当我们接近它时,我们发现这只是一个软弱的援助。以为我们在近处感觉到的死亡就像我们从远处判断它时一样;以为我们那其实只是软弱的情感,是一种有力的足以使我们在最严峻的考验打击下也不瘫倒的刚毅,都只是自我奉承。考虑自爱能帮助我们把那些必然要消灭它的东西看得无足轻重,这

---

[1] 参见第46条。

也是对自爱效用的一种错误认识；至于那我们以为能从中找到力量源泉的理性，它在这场相遇中却是太软弱了，并不能如我们所愿的那样说服我们。相反，正是它，正是最常背叛我们的理性，它不但不能激起我们对死亡的蔑视，反而向我们揭示死亡所有的可怕和恐怖。理性为我们所能做的全部只不过是劝告我们把我们的视线转移到其他的目标上。加图和布鲁图斯选择的是千古留名。不久之前一个仆从满足于在他将被处以车轮刑的断头台上跳舞。这样，虽动机各不相同，产生的结果却一样。所以，真的，尽管伟人们和普通人之间存在某种不相称，我们还是千百次地看到两种人都以同样的表情接受死亡。然而，在他们之间还是有某种差别：在伟人们对死亡所表示的蔑视中，是一种对光荣的热爱使他们看不见死亡；而在普通人那里，阻止他们认识他们的巨大不幸和使他们自由地考虑其他事情的只是一种智力的欠缺。

遗下的箴言

505

上帝在人类中安排了一些不同的人才，就像他在自然中种植了一些不同的树，因而每种人才，同样，每种树，就都有自己特殊的性质和效果。因此，世界上最好的梨树也不能长出最普通的苹果来；最卓越的人才也不能产生最普通的人才所产生的同样的效果。也是由于这个缘故，想要造一些格言警句而自身却没有它的种子，就像尽管人们并没有埋下郁金香的鳞茎却想要花坛里长出郁金香来一样，都是荒唐可笑的。

506

虚荣的种类不计其数。

507

世界上充满了讥笑拨火棍的铲子。[1]

---

[1] 参见第505条。又，法国有谚云："铲子讥笑拨火棍。"

508

那些非常赏识他们的高贵的人,却不怎么赏识那从这高贵中产生的东西。

509

上帝为惩罚犯有原罪的人类,允许人造一个自爱的上帝,使他在生活的所有行动中都备受折磨。

510

利益是自爱的灵魂,因此,正像被夺去灵魂的身体没有视力、没有听觉、没有认识、没有情感、没有动作一样,自爱若是同它的利益分离(如果也可以这样说它的话),它也就不再能够看见、听见、闻见和动弹了。因此就会有同一个人,他为自己的利益能走遍天涯海角,对别人的利益却会突然中风瘫痪;因此也就会有在谈论我们自己的事务时,在听众那里引起的昏昏欲睡和死气沉沉,但当我们的叙述涉及与他们有关的事情时,他们又迅速地苏醒过来;因此,在我们的谈话和行为中可以看到,在同一段时间里,一个人会根据他自己的利益离开或者接近他的程度而失去或恢复知觉。

511

我们有如死者一样害怕一切,我们又像不死者那样欲望一切。

512

仿佛是魔鬼,完全故意地在一些德性的边界上放置了懒惰。

513

我们非常容易相信其他人有些缺陷,因为我们拥有一种相信我们所欲望的事情的本领。

514

医治恐失症的药物就是确信我们所害怕的那个东西(死亡),因为它引起生命的终结,或者爱情的终结。这是一个残忍的医治,但比起怀疑和恐失症来却要甜蜜。

515

希望和恐惧不可分离,没有希望就没有恐惧,没有恐惧亦没有希望。

516

不应当为别人向你隐瞒了真相而生气，既然我们也如此经常地自己向自己隐瞒实情。

517

我们常常不能正确地评价那些证明德性之虚伪的格言，因为我们太容易相信它们在我们自己那里是真实的。

518

我们对君主的忠诚是一种间接的自爱。

519

幸福后面是灾祸，灾祸后面是幸福。

520

哲学家们只是根据我们对待财富的恶劣方式来谴责财富，看我们在获得财富和使用财富上有无罪恶；他们认为财富并不像木柴延续火焰一样养育和增加罪恶，而是能够被我们用来奉献给所有德性，甚至使它们更令人愉悦和光辉灿烂。

521

邻人的破产使其朋友和敌人都感到高兴。

522

世界上最幸福的人看来是那种从很少的东西中即可得到满足的人，那些大人物和有野心者在这一点上看是最悲惨的，因为他们要积聚起无数的东西才能使自己幸福。

523

人类被创造之初跟他现在的情况不同的一个令人信服的证据是：他越是变得有理性，就越是在自身中对他的情感和爱好的怪诞、卑鄙和腐败感到羞愧。

524

人们反对这些揭露人的内心的箴言的原因是：他们害怕被揭露。

525

我们所爱的人对我们拥有的权力，几乎总是比我们自己对自己拥有的权力要大。

526

我们很容易指责别人的缺点，但很少用这种指责来帮助别人改正它们。

527

人类的处境非常悲惨，在调动他所有的行为来满足他的激情的过程中，他不停地在那些激情的暴政下呻吟：他不能忍受它们的强暴，又不能承担要解脱它们的桎梏而应采取的行动；他不仅对这些激情，而且对医治它们的药物感到厌恶；既不能适应他的疾病的痛苦，又不能适应使其治愈的工作。

528

对我们发生的那些好事和坏事并不是由于它们的重要性而触及我们，而是因为我们的敏感性触及我们。

529

诡计只是一种贫乏的精明。

530

我们给予某些颂扬不过是为了从中渔利。

531

激情只是自爱的各种口味。

532

极端的无聊可用来解除我们的无聊。

533

我们赞扬和谴责大多数事情是因为赞扬和谴责它们是一种时髦。

534

很多人想要成为虔诚的,但没有人想要成为谦卑的。

535

体力的工作可以宣泄精神的痛苦,这正是穷人幸福的原因。

536

真正的苦修是那些不为人所知的苦修,其余的苦修则因虚荣变得轻松容易。

537

谦卑是上帝要我们为他在上面奉献牺牲的祭坛。

538

使贤人幸福只需很少的东西,却没有什么东西能使一个疯狂的人满足:这正是几乎所有人都不幸的原因。

539

我们为变得幸福而折磨自己还不及我们为使自己相信我们是幸福的而折磨自己那样厉害。

540

根除第一个欲望远比满足所有随后的欲望容易。

541

贤明之于灵魂,犹如健康之于身体。

542

巨大的田产并不能给身体以健康和给精神以宁静,我们总是太昂贵地购买那些所有并不带来好处的财产。

543

在有力地想要一件东西之前,应当考察那拥有它的人的幸福是什么样的。

544

一个真正的朋友是所有好处中最大的好处,却也是人们打算获得的所有东西中考虑得最少的。

545

情人们只有在他们的如醉如痴结束时才看到对方的缺点。

546

明智和爱情并非相得益彰,当爱情增加时,明智则减少了。

547

有一个猜忌妻子的丈夫有时倒是愉快的:他老是听到对他所爱的那个人的谈论。

548

当一个女人具有全部的爱情和德性时,她是需要同情的!

549

贤人盘算的结果,发现不介入比再克服要好些。

550

研究人比研究书本更必需。

551

幸福或不幸福通常去往那些已经最多地拥有其中之一的人那里。

552

一个真诚正直的女子是一种隐蔽的财富,她的存在带来了巨大的好处且毫不自矜。

553

当我们爱得太厉害的时候,确认别人是否停止了爱我们是不容易的。

554

人们谴责自己只是为了得到颂扬。

555

我们在烦忧别人时几乎也总是在烦忧自己。

556

当我们以沉默为耻时，反而更难进行令人满意的谈话。

557

没有比相信我们是被人爱着更自然也更自欺的了。

558

我们较喜欢看见那些受恩于我们而非施恩于我们的人。

559

隐瞒我们心中拥有的情感比假装我们没有的情感更为困难。

560

重新恢复的友谊比那些没有断裂过的友谊需要更多的关

心照料。

561

一个无人使他喜爱的人比一个无人喜爱他的人要更为不幸。

562

女人的地狱是晚年。

删去的箴言

563

自爱即对自己以及适合于自己的所有东西的爱，它使人们成为他们自己的偶像崇拜者，并且，假如命运给予他们手段，自爱会使他们成为其他人的暴君。自爱绝不在自身之外安放，而只是像蜜蜂停在鲜花上一样停在外部对象上，以从中吮吸于它有益的东西。没有什么东西像它的欲望那样猛烈，没有什么东西像它的计划那样隐蔽，也没有什么东西像它的举止那样机敏。它的灵活令人无法想象，它的变化胜过那些奇异的变形和化身，它的精致即使化学也难以企及。我们测不出它的深渊的端底，也穿不透其重重的黑暗。在那儿，它对最有洞察力的眼睛也是遮蔽的，它不易觉察地做出无数次旋转和显现；在那儿它常常不为自己所看见，在那儿它孕育、培养和发展了许许多多的柔情和憎恨而自己并不知道；其中一些如此的怪物，以至当它把它们放到日光下连自己也不认识，或者不敢果断地承认。从这种遮掩它的黑暗中产生出它对自身拥有的可笑的确信，以及它看待它的实质的各种错误、无知、粗疏和愚蠢；由此它相信它的情感已经死灭而这些情感实际上只是在入睡，它想象自己不再有嫉妒在活动，其实这嫉妒只是刚刚休息，它以为失去了所有的胃口，实际上只是因为刚刚餍足。但是，这种自己隐藏自己的浓厚的黑暗，并没有阻止它完全地看见在它之外的东西，在这方面它就像我们的眼睛：看见一切却唯独看不见自己。事实上，在它那些较重大的利益和较重要的事务上，它的强烈欲望唤起了它所有的注意，它看见、嗅到、倾听、想象、猜测、洞察、解析一切，以至我们倾向于相信它的每一种激情都有一种自身特有的魔力。没有什么东西比它的束缚更为内在有力的了，甚至在威吓它的极端不幸的景象面前，摆脱桎梏的努力也是枉然。然而，有时它在很短的时间里，不费什么力气就做了它一直未能做到的事情，这些事情本来要几年时间才能完成，据此我们可以相当可靠地推断说：点燃它欲望的与其说是它的对象的美的价值，不如说是它自己；它的趣味是抬高这些对象的标价和美化它们的脂粉；它追逐的是它自己，当它跟随它所意欲的事物时它是在跟随自己的意欲。它整个是矛盾的：它是专横的又是顺从的，是真诚的又是虚伪的，是仁慈的又是残忍的，是胆怯的又是大胆的；根据气质的多样它有着不同的爱好，这些气质旋转着它，一会儿使它致力于光荣，一会儿使它致力于财富，一会儿又使它致力于快乐；这种变化随我们的年龄、运气和经验的变化而变化；但是，有几种爱好还是只有一种爱好于它是不同的，因为当有几种爱好时它就散开了，当只有一种它欠缺并且像是乐意的爱好时它又收拢了。它是变化无常的，并且，除了来自外部原因的那些变化外，还有来自它以及它自身基础的无数变化；它因为它的无常、它的轻浮、它的爱恋、它的好奇、它的疲倦和它的厌恶而变化不定；它是任性的，有时我们看见它以极大的热情和令人难以置信的辛劳致力于取得某些并不对它有利，甚至于它有害的东西，但它追逐它们，因为它想要它们。它是古怪的，常常把它所有的心劲都用在一些最无聊的工作上；在最淡而无味的事情上找到它所有的乐趣，在最被蔑视的东西中保持它所有的骄傲。它存在于生活的所有状态中和所有条件下，到处活动着，靠一切维持活力又什么都不靠，提供给自己一些东西又把它夺去；它甚至渗透到与它斗争的一派人中间，进入他们的计划，并且令人吃惊的是：它和他们一起自己恨自己，它恳求去损害它，甚至致力于毁灭它；但它毕竟只是关心它的存在，并且为了它存在甚至想成为它的敌人。所以，如果它有时和最苛刻的

删去的箴言 121

严厉结合在一起，如果它大胆地和这种严厉结盟以摧毁自己也就不应奇怪了，因为，它在一个地方消灭自己的同时，在另一个地方又自己冒头了；当我们想着它放弃了它的乐趣的时候，它只是暂时搁置或者改变了它的乐趣，并且，甚至当它被克服、我们相信它已被挫败的时候，我们又发现它在自己的失败中凯旋。这就是自爱的一幅图画，它的全部生命只是一种巨大而漫长的骚动：海洋就是它的一幅形象化的图景，自爱在大海波涛的不断起落退进中，为它的意图和它的永恒运动的涡旋式系列找到了一个忠实可靠的描述。[1]

564

所有的激情无非是血液炽热和冷凝的各种等级。

565

在幸运中的节制只不过是担心激动会带来耻辱，或者害怕失去我们拥有的东西。

566

节制就像节食：人们很想吃得更多，但又怕给自己造

---

[1] 参见第3条。

成恶果。

567

人人都找得到指责别人的机会，正像我们找得到指责他的机会。

568

骄傲，在独自玩弄了人间喜剧中的所有人以后，似乎厌倦了它的诡计和不同的变形，转而以一种自然的表情出现，通过自豪来提示自己，以至可以确切地说，自豪是骄傲的亮相和声明。

569

造就那些中等才能的性格与造就那些伟大天才的性格是截然相反的。

570

达到认清我们应当是不幸的这一点，是一种认识的幸运。

571

当一个人不能在自身中找到他的安宁时,在其他地方寻找也是枉然。

572

我们决非我们现在所以为的那样不幸,也绝非我们曾经希望的那样幸福。

573

我们常常通过这样一种快意来安慰自己的不幸:我们找到了显现它的办法。

574

为了能够确定我们将来要做的事情,我们首先要能够预见我们自己的命运。

575

我们怎么能够担保我们将来想要什么呢,既然我们此刻都不能确切地知道我们现在想要的东西?

576

爱情之于那爱着的人的灵魂，犹如灵魂之于由它赋予生命的身体。

577

既然我们在爱或停止爱的方面绝不是自由的，情人们就没有权利相互抱怨对方的变心和轻浮。

578

公正只是一种深深的畏惧，怕人们夺走属于我们自己的东西；由此就产生一种对于所有他人利益的尊敬和避免损害他们的一丝不苟的实施。这种畏惧使人退回到出身或运气给予他的利益的界限之内；若是没有这种畏惧，就要发生对他人的不断的行劫。

579

公正，在那些温和节制的法官那里，不过是对擢升的向往。

580

我们谴责不义，不是因为我们对它的厌恶，而是因为它给我们造成了损失。

581

当我们厌倦爱时，我们很容易忍受别人对我们的不忠，以便我们解除自己的忠诚的义务。

582

我们对我们的朋友的走运感到的第一阵欢乐，并非来自我们本性的善良，亦非我们与他们的友谊，而是自爱的一个结果，是自爱使我们高兴地希望幸运将轮到我们，或者希望从他们的好运中获取某种利益。

583

在我们的好朋友的厄运中，我们总是发现某种并非使我们不快的东西。

584

我们怎么能要求另一个人保守我们的秘密呢，既然我们自己都没能对他保守秘密？

585

人们的盲目是他们的骄傲的最危险的结果：骄傲会培育和增长盲目，阻碍我们认识能够缓和我们的不幸、治愈我们的缺陷的药物。

586

当我们不再希望在别人那儿发现理性时，我们也不再有理性。

587

当一直满足于自我懒散的懒汉们，突然想表现得勤勉起来的时候，他们催促起别人来比任何人都积极。

588

我们抱怨那些教我们认识自己的人，就像雅典人中的那个疯子抱怨医生一样，虽然正是医生治愈了他那自以为是富翁的偏见。

589

那些哲学家，尤其是塞涅卡，并没有用他们的规则消除罪恶，他们只是努力在造一幢骄傲的房子。[1]

---

① 参见第46条和504条。

590

意识不到我们朋友的友谊正在变冷,是我们自己的友谊很淡的一个证据。

591

最聪明的人是那些对无足轻重的事情无动于衷的人,但他们对他们那些较重要的事务却几乎总是做不到无动于衷。

592

最机敏的疯狂使自己成为最机敏的明智。

593

节食是对健康的热爱,或者是对饱餐的无能为力。

594

人类中的每一种人才,同每一种树一样,都有它自己完全特殊的性质和果实。

595

当我们厌烦谈论某些事情时,我们最好还是不要忽略它们。

596

仿佛在拒绝赞扬的谦虚,实际上只是想得到更巧妙的赞扬。

597

我们只是根据利益来谴恶扬善。

598

人们给予我们的赞扬,至少有助于我们执着于德性的实践。

599

人们给予理智、美丽和勇敢的赞扬,增加了它们、完善了它们,使它们做出了较它们原先凭自身所能做的贡献更大的贡献。

600

奉承者的自爱心适当地阻止了他们成为最奉承我们的人。

601

我们没有区分各种各样的愤怒,虽然其中有的来自火爆性格的愤怒是轻微和几乎无恶意的，但其余的却是十分有罪的，恰当地说，它们是狂热的骄傲。

602

伟大的灵魂并不是比普通的灵魂有较少的激情和较多的德性的灵魂，而仅仅是那些有较伟大的意向的灵魂。

603

君王们像对待钱币那样对待人：他们随心所欲地给人们规定价格，于是大家不得不按照他们的市价而非按照他们真正的价值来接纳他们。

604

天生的凶猛比自爱所做的残忍事还要少些。

605

我们对我们的所有德性，可以用一位意大利诗人[①]对女人的正派所说的同样的话：这常常不过是一种使其显得正派的技艺。

---

① 瓜里尼（Guarini）。

606

世人称之为德性的,常常只是一种通过我们的激情造出的幽灵,我们给它一个"正派"的名字,以便我们可以不受惩罚地做我们想做的事情。

607

我们如此关心我们的喜好,以致我们看作德性的东西常常只是一些表面上像它们的恶习,这是自爱在蒙蔽我们。

608

有一些罪恶,凭它们的巨大影响、数量众多和趋于极端变得无罪甚至光彩起来,由此那些公开的抢掠成了能干,不法地霸占某些省份被唤作征服。

609

我们只是凭虚荣心承认我们的缺点。

610

我们在人类中看不到极端的善和极端的恶。

611

那些不犯大恶的人不易觉察到其他人的大恶。

612

殡葬的排场更多的是考虑到生者的虚荣而非死者的体面。

613

世界显得变化无常,然而,我们还是可以从中注意到上帝安排的某种隐蔽的连贯性和所有时代有规律的秩序,上帝使每件事物都按它的序列行进,遵循它命运的轨道。

614

无畏应当响应心灵的祈求来支持心灵,而不是仅仅靠勇敢来给予心灵在斗争的危急关头所必需的坚定。

615

那些想据其根源来定义胜利的人,就像诗人一样,倾向于把它唤作上天的赋予,既然人们没有在大地上找到它的原因。实际上,胜利是由无数这样的行动造成的,这些行动并非抱定一个目标——胜利,而是仅仅注意着行为者自身特有的那些利益，由于组成一支军队的所有人都为了他们自己的光荣和擢升而积极地活动，就带来了一种如此巨大和普遍的成功。

616

如果一个人从未经历过危险，我们不能担保他有勇气。

617

我们更经常的是限制我们的感激而不是限制我们的欲求和希望。

618

模仿总是不幸的，所有伪造的东西与其原型相比都是令人不快的，而那些自然的原型却富有魅力。

619

我们为我们朋友的死亡所感到的遗憾，并不总是根据他们的价值，而是根据我们的需要，根据我们相信他们给过我们的有价值的意见。

620

我们很难辨别一般的善和散布在全世界的巨大精明。

621

为了总是能够善良,必须使其他人相信他们绝不能够不受惩罚地对我们行恶。

622

信赖快乐常常是造成不快的一个可靠手段。

623

我们难于相信离我们视线稍远的东西。

624

我们对其他人的信任的最大部分是由我们对自己的信任构成的。

625

一种普遍的革命能像世上的命运一样彻底改变精神的趣味。

626

真实是完善和美的基础和根据:一件事情,不管它是什么性质,假如它不是它所应是的那样完全真的,假如它没有它所应有的一切,它就不会是美的和完善的。

627

有一些美的事物,当它们还保持着不完善的时候,反比它们太完善的时候具有更多的光彩。

628

崇高是骄傲的一种高尚的努力,人类凭借这种努力成为自己的主人,并进而成为一切事物的主人。

629

在某些国家中的奢侈豪华和过分风雅是它们在走向衰落的可靠征兆,因为,所有的个人都专心于他们自己的利益,并侵吞公共的利益。

630

在所有的激情中,最不为我们所知的是懒惰,它是所有激情中最炽热和最有害的,虽然它的猛烈难于觉察,它造成的损害十分隐蔽。如果我们注意考虑它的能量，我们将看到它几乎在所有的交锋中都使自己成为我们的情感、我们的利益和我们的快乐的主人；这是一种䲟头鱼①，它具有使那些最大的船停止前进的能力；这是一种风暴前的平静，对于那些最重要的事情来说，它比暗礁和风暴还要危险；懒惰的安宁是灵魂的一种隐秘的魔法，它突然地搁置那些最热烈的追求和最顽强的决心。最后为了给予这一激情一个真实的观念，应当说懒惰就像灵魂的一个真福，它安慰灵魂的所有损失，取代它所有的利益。

631

从运气随意安排的各种各样的行动中，产生出各种各样的德性。

632

我们很喜欢猜别人，却不喜欢被人猜。

633

靠一套十分烦琐的规则来保持健康，本身是一种烦人

---

① 亦称䲟鱼，头顶有一吸盘，常吸附于大鱼身上或船底移徙远方，古代人相信它们能延缓或阻止船行。

的疾病。

634

当我们没有爱时去获得爱，比当我们有爱时想摆脱爱更为容易。

635

大多数女人与其说是靠激情，宁可说是靠软弱而顺从；因此那些敢作敢为的男人通常比其他人更易获得成功，尽管他们不是更可爱。

636

在爱情中施以很少的爱，是保证被爱的一个可靠手段。

637

情人们相互要求的、以便彼此知道他们什么时候停止了相爱的真诚，与其说是想适时地得到对方不再爱的通知，不如说是想更好地证实对方的爱，只要对方不讲违心的话。

638

我们能对爱情所做的最恰当的比较是它与热病的比较：因为，无论是它的猛烈程度还是它的持续时间，我们都没有力量加以控制。

639

不太精明的人的最大精明是懂得仿效其他人的好行为。

640

人们刚刚对别人调情以后总是害怕看见自己的爱人。

641

我们应当因我们有力量承认我们的缺陷而感到宽慰。

附录

拉罗什福科为一六七八年版编制的索引表

（数目为箴言序号）

Ages de la vie，生命的各个时期，405。

Accidents，事件，59。

Accent de pays，故国的声音，342。

Actions，行动，行为，7，57，58，160，161，382，409。

Affairs，事务，453。

Affectation，假装，134。

Afflictions，悲痛、悲伤，232，233，355，362。

Agrément，装饰，240，255。

Air bourgeois，庸俗的神态，393。

Air composé，做作的神态，495。

Ambition，野心，24，91，246，293，490。

Ame，灵魂，188，193，194。

Amitié，友谊、友爱，80，81，82，83，84，85，88，96，114，179，235，279，286，294，296，321，

410，434，440，441，473。

Amour，爱情，68，69，70，71，72，73，74，75，76，77，111，131，136，175，176，259，262，374，385，396，417，418，440，441，473，490，501。

Amour propre，自爱，2，3，4，46，83，143，228，236，247，261，262，494，500。

Application，应用、适用，41，243。

Avarice，吝啬、贪吝，167，491，492。

Avidité，贪婪，66。

Beauté，美，240，497。

Bienfaits，恩惠，14，299，301。

Bienséance，礼节，447。

Bonheur，幸运，49。

Bonne grâce，好的优雅，67。

Bonté，善良，237，387，481。

Bon sens，好的感知、良知，67，347。

Civilité，礼貌，260。

Clémence，宽宏大量，15，16。

Coeur，心灵，98，102，103，108，478。

Compassions de nos ennemis，对我们的敌人的同情，463。

Conduite，行为举止，163，227。

Confiance，信任，475。

Confiance des grands，信赖名人，239。

Connaissance，认识，106，295，436，482。

Conseils，劝告，110，116，283，378。

Constance，坚定不移、坚贞不渝，19，20，21，175，176，420。

Conversation，谈话，139，421。

Coquetterie，调情，107，241，349，376，406。

Crimes，罪恶，183，465。

Curiosité，求知欲，173。

Défaust，缺点、缺陷，31，90，112，155，184，190，194，202，251，327，354，397，411，424，428，442，493，498。

Exemple，榜样，230。

Favoris，恩宠，55。

Félicité，幸福，48。

Femmes，女人，204，205，220，241，277，346，362，440。

Fermeté，坚强，477，479。

Fidélité，忠实，247。

Finesse,诡计,117,124,125。

Flatterie,奉承,123,144,152,198,329。

Faiblesse,软弱,120,130,316,445,481。

Folie,疯狂,207,209,210,231,300,318。

Force,力量,42,44,237。

Fortune,命运、运气,1,25,52,53,60,61,154,212,323,343,380,391,392,435。

Galanterie,私情、文雅、献媚,73,100,402,499。

Générosité,慷慨,246。

Gloire,光荣,157,198,307。

Goût,趣味,252,258,390。

Gouverneur,支配,151。

Gravité,庄严,257。

Habileté,精明、能干,59,199,208,244,245,269,283,288,404。

Hasard,机遇,57。

Héros,英雄,24,53,185。

Honnête homme,正派的人,202,203,206,353。

Honnête femme,正派的女人,367,368。

Honnêur,荣誉,270。

Honte，耻辱，446。

Humeur，谦卑，254，272，358。

Hypocrisie，伪善，218，233。

Inconstance，变化无常，181。

Indiscrétion，冒犯，429。

Infidélité，不忠实，359，360，381。

Ingratitude，忘恩负义，96，226，306，317。

Imitation，模仿，230。

Inclination，爱好，252。

Incommoder，妨碍，242。

Injures，伤害，14。

Innocence，天真无邪，465。

Intérêt，利益，39，40，66，85，171，187，232，253，275，302，305，486。

Jalousie，猜忌，28，32，361，446，472，503。

Jeunesse，青年、青春，109，271，341，495，497。

Jugement，判断，89，97，456。

Justice，公正，78。

Larmes，眼泪，373。

Libéralité，自由，263。

Louanges，赞扬、颂扬，143，144，145，146，147，

148，149，150，237，356，454。

Magnanimité，崇高，248，285。

Malheur，不幸，49。

Marriage，婚姻，113。

Médisance，凶恶，483。

Maux，恶、损失、痛苦，22，197，229，238，264，267。

Mémoire，记忆，89，313。

Mensonge，说谎，63。

Mérite，功绩、价值，50，92，95，153，155，156，162，164，165，166，273，279，291，379，455。

Mines，面孔，256。

Modération，节制，17，18，293，308。

Mort，死亡，21，23，26。

Mépris de la mort，对死亡的蔑视，504。

Naturel，天性，431。

Niais，笨人，208。

Négociations，调解，278。

Noms illustres，著名，94。

Nouveauté，新颖、新奇，274，426。

Occasions，机会，345。

Opiniâtreté，顽固，234，265。

Orgueil，骄傲，34，35，36，37，228，239，254，267，281，450，462，472。

Paresse，懒惰，169，266，267，398，482，487。

Parler，说话、谈论，137，138，142，364。

Passions，激情，5，6，7，8，9，10，11，12，122，188，266，276，277，422，460，466，471，484，485，500。

Pénétration，洞察力，377，425。

Persévérance，坚持，177。

Peur，害怕，370。

Philosophie et philosophes，哲学与哲学家，22，54。

Pitié，怜悯，264。

Plaisir，乐趣，123。

Politesse，高雅、有礼，99，372。

Préoccupation，焦虑，92。

Procédé，干净，170。

Promesse，许诺，38。

Prudence，明智，65。

Qualités，品质，365，433，437，452，468，470。

Querelles，争吵，496。

Raison，理智、理性，42，105，469。

Réconciliation，和解，82。

Reconnaissance，感激，223，224，225，298，438。

Remèdes de l'amour，爱情的药物，459。

Repentir，懊悔，180。

Repos，安宁，48。

Reproches，责难，148。

Réputation，名望，268。

Richesses，财富，54。

Sagesse，明智，132，210，231。

Sentiments，情感，255。

Sensibilité，感觉，464。

Silence，沉默，79，137，138。

Simplicité，单纯，289。

Sincérité，真诚，62，383，457。

Société，社会，87。

Sots，蠢人，451。

Subtilité，精细，128。

Timidité，胆怯，169，480。

Trahison，背叛，120，126。

Travers，乖戾，448，502。

Tromperie，欺骗，114，115，118，127，129，201，395。

Valeur，勇敢，213，214，215，216，217，219，220，221。

Vanité，虚荣，137，200，201，232，388，389，443，467，483。

Vérité，真实、真理，64，458。

Vertus，德性，1，25，171，182，186，187，189，200，218，253，489。

Vices，恶、恶行，182，186，187，189，191，192，195，218，253，273。

Vieillesse，老年，93，109，112，210，222，341，408，423，430，461。

Vieux fous，老年的疯癫。

Violence，强暴、猛烈，363，369，466。

Vivacité，活力，416。

Volonté，意愿，30，295。

拉罗什福科生平年表

1613年9月15日 弗朗索瓦第六生于巴黎，"弗朗索瓦"是父子相传的称号，弗朗索瓦第六直到1650年他父亲死后才正式成为拉罗什福科公爵，在此之前人们唤他为马尔西亚克亲王，而为行为和阅读方便，我们在此还是从头到尾都叫他拉罗什福科。

他的母亲是加布里埃尔·德·莉昂库特。拉罗什福科家世显赫，用他自己1648年写给首相马扎兰的话说是："300年来国王从未怠慢过我们家。"他的家庭在上一个世纪本信加尔文教，到他父亲弗朗索瓦第五时恢复了信奉天主教。

关于他的童年和他的教育几乎没留下什么资料，身体的锻炼看来在其中占据了主要的地位，同时还有小说的阅读，如奥诺菲·杜尔兹的长篇田园体小说《阿丝特莱》等，他始终是一个小说的爱好者。塞格雷说："拉罗什福科先生没有学习过，但有一种卓绝的感受力，完全清楚地了解世界……"梅安特农夫人也说他"……知识贫乏但精神丰富"。

1624年 黎塞留进入王政会议掌权。

1628年1月20日 在他14岁时，与安德烈·德·维翁娜结婚，与她生有8个孩子，但他的妻子在他后来的生活中似乎没有留下什么别的痕迹。

1629年~1635年　第一次服军役，在意大利战斗。

1631年　他在朗布里埃的府邸时，不仅遇见过一些当时优秀的文士才女，而且遇见过许多他在后来晚年的生活中与他来往密切的人。

1635年　因言谈不慎被宫廷流放，与年长他13岁的谢弗勒兹公爵夫人在一起。

1637年　被恩准归来。与德·谢弗勒兹夫人密谋劫持王后和奥特福小姐，前往布鲁塞尔以保证其安全，事败，谢弗勒兹夫人逃走，拉罗什福科被监禁在巴士底监狱，几天后重新被流放到他的田庄2年。

1639年~1642年　重入军队服役，随后回到他昂古列姆的田庄过一种乡村绅士的生活。

1642年~1643年　黎塞留在1642年年底死去。拉罗什福科接近王后并参与一些重要密谋，后形势急转，路易十三于1643年5月去世，他的遗嘱被废弃，王后宣布摄政，并同拉罗什福科先前排斥的马扎兰结盟，任命马扎兰为首相。

1644年~1647年　国内动乱，许多政治阴谋和军事行动此伏彼起。从1646年起，拉罗什福科开始了与比他年轻6岁的隆格维尔公爵夫人的关系。1646年11月，他被任命为普瓦图的总督，必须住在那里。

1648年7月~8月 反对王权的投石党运动的第一次骚乱以巴黎高等法院的胜利而告终。此时拉罗什福科一直在普瓦图，他宣布反对它而支持王后和马扎兰。

1648年12月 随着骚乱重起他放弃了普瓦图总督之职，回到巴黎加入了投石党一方，对此他与隆格维尔夫人的关系起了很大作用。

1649年1月 隆格维尔夫人为他生了1个儿子并闹得众所周知（此时他已有婚生的3个儿子和3个女儿）。

1649年3月~4月 马扎兰与高等法院签订《吕埃和约》，从而宣告"法院的投石党之乱"的结束，拉罗什福科此前曾在与孔代的军队的一次战斗中身负重伤（孔代这时支持逃到圣日耳曼避难的王室而围攻巴黎），后得到赦免。

1650年1月 "王公的投石党之乱"爆发，内战蔓延到法国的大部地区，持续了3年多，造成了许多流血和破坏。拉罗什福科冒着极端危险，与王室和马扎兰敌对，和其他人保持着某些关系。

1650年2月8日 父死，他承继了拉罗什福科公爵的封号。

1651年9月~10月 因相互厌倦，他与隆格维尔夫人分手。

1652年7月 应孔代之命重新加入投石党之乱，在一次攻击巴黎的圣安东尼区的战斗中，脸部负重伤，危及他的视力。

1653年~1654年 他不想利用1652年底提供给他的一次恩惠。他疗养受损的身体，努力恢复他的精神平衡和料理经济事务，并开始一步一步地和王室达成某种和解，并着手撰写他的《回忆录》。

1655年 开始了与比他小21岁的拉法耶特夫人的友谊。

1656年 常去巴黎见瑞典的克里斯蒂娜王后。后来与曾在朗布里埃府邸中相遇的那些人来往密切起来，研讨诗歌和绘画等，尤其常在沙勃莱夫人家里切磋格言的艺术，除此之外，还受到冉森派教义的影响。

1659年 与王室进一步和解，得到一份津贴，他的经济状况继续逐步地恢复。

1661年 路易十四开始亲政。

1662年 他的《回忆录》在布鲁塞尔，在他似乎并不知道的情况下出版了，此时他加强了与拉法耶特夫人的友谊，同样还有与塞维涅夫人的友谊。他的健康每况愈下。

1664年 《道德的警句箴言》第一版在荷兰出版，此书很不可靠且是私下出版。4年来那些箴言一直有一部分在通信和沙龙的谈话中流传。

1665年 《箴言录》最早的可靠版本以《关于道德的思考或警句箴言》的确定名称在巴黎出版。

拉罗什福科不知何故疏远了他与沙勃莱夫人的关系，而与拉法耶特夫人的关系却十分亲密。关于这种关系的性质，按塞格雷所引拉法耶特夫人说的话是："拉罗什福科先生给了我理智，而我则改造了他的心灵。"

1666年 他请求担任王太子的家庭教师，没有获准。

1667年 再入军队，在里尔前线战斗。

1669年12月 拉法耶特发表了她的《柴伊德》第一部，拉罗什福科无疑参与了合作，就像他参与小说《克莱芙公主》的合作一样。

1670年 他的妻子去世。

1672年5月 他的母亲去世，对她，拉罗什福科一直抱有一种温柔的依恋情感。

1672年6月 他的长子在莱茵负重伤，他的第四子负伤致死，他与隆格维尔夫人所生的儿子也被杀死。

1678年 他出版了《箴言录》的第五版，也是他生前的最后一版。

1679年 隆格维尔夫人去世。他的小儿子，弗朗索瓦第八与卢瓦的女儿结婚。拉封丹发表了他的《谈拉罗什福科公爵》。

1680年 拉罗什福科3月15日接受了博须埃的临终圣礼，于16日~17日的晚间逝世。

领读 用文字照亮每个人的精神夜空

何 怀 宏 经 典 作 品 选

出 品 人	康瑞锋
项目统筹	田 千
产品经理	贺晓敏
编 图	宽 堂
装帧设计	周伟伟

何怀宏经典作品选

《若有所思》

《生命与自由:法国存在哲学引论》

《比天空更广阔的》

《沉思录》

《道德箴言录》

《域外文化经典选读》

在这里,与我们相遇

领读名家作品·推荐阅读

领读小红书号

领读微信公众号

黄石文存

冯至文存

费孝通作品精选

陈从周作品精选